"双一流"高校本科规划教材

U0381382

环境分析与监测实验

主编　盛　梅　蒋晓凤

参编　孙贤波　隋　倩
　　　张　巍　丁思佳

华东理工大学出版社
EAST CHINA UNIVERSITY OF SCIENCE AND TECHNOLOGY PRESS

·上海·

图书在版编目(CIP)数据

环境分析与监测实验/盛梅,蒋晓风主编. —上海:
华东理工大学出版社,2022.2
ISBN 978-7-5628-6799-9

Ⅰ.①环… Ⅱ.①盛… ②蒋… Ⅲ.①环境分析化学
②环境监测 Ⅳ.①X132②X8

中国版本图书馆 CIP 数据核字(2022)第 012142 号

内 容 提 要

全书共分六章,第一章介绍环境分析与监测实验基础知识,内容包括分析与监测的基本概念、分析与监测方法的分类、样品的采集与处理、样品采集的质量控制与质量保证等;第二章至第六章为实验操作,包括水、大气、土壤、固体废弃物、微生物、物理性污染物分析监测实验及综合研究型实验共 34 个项目。实验内容在相关国家标准方法基础上,融入了现代仪器分析方法,使学生能了解环境分析与监测技术的发展,掌握最佳测试条件的探索过程与研究方法,进而具备一定的独立思考能力和团队协作能力,并不断提高自身的科研能力。

本书可作为高等学校环境工程、环境监测及环境科学等专业的本、专科实验教学用书,也可作为相关专业及环保技术人员的参考用书。

项目统筹 / 吴蒙蒙

责任编辑 / 翟玉清

责任校对 / 张　波

装帧设计 / 徐　蓉

出版发行 / 华东理工大学出版社有限公司

地址:上海市梅陇路 130 号,200237

电话:021-64250306

网址:www.ecustpress.cn

邮箱:zongbianban@ecustpress.cn

印　　刷 / 广东虎彩云印刷有限公司

开　　本 / 787 mm×1092 mm　1/16

印　　张 / 8.75

字　　数 / 224 千字

版　　次 / 2022 年 2 月第 1 版

印　　次 / 2022 年 2 月第 1 次

定　　价 / 38.00 元

前　　言

环境分析与监测实验是环境工程、环境监测、环境科学及相关专业的重要基础技术课程。环境分析与监测实验教材在环境类专业人才的培养过程中扮演着非常重要的角色，其编写应根据当前教育改革趋势和环境类学科现状及发展方向，以增强学生的学习兴趣，培养学生的自我学习能力、实践能力和创新能力等为核心指导思想。

本书在编写过程中，紧紧围绕教育部高等学校环境科学与工程类专业教学指导委员会制定的专业建设规范和环境监测核心课程基本内容与要点，以满足新形势下我国环境监测的现状和行业发展需求；始终坚持以目标导向教育（OBE）理念为指引，并结合作者十多年环境分析与监测实验的教学经验，及时更新实验内容，合理安排有层次、有梯度的实验项目，不断对实验课程教学内容进行优化整合；力求突出环境分析与监测实验的规范性和先进性，注重环境监测方法的综合性和实用性，以进一步提升实验教材的系统性和科学性。

本书的主要特点列举如下。

其一，实验项目所监测的污染类别齐全。环境分析监测对象主要有水质、大气、土壤及固体废弃物、微生物及物理性污染物等，其中包含了生活污水中抗生素类药物残留的测定等新型污染物检测及基于无人机技术的区域流域监测等。

其二，实验项目的设置有层次、有梯度。实验项目从易到难，从基础验证型到综合研究型，满足不同学生的学习需求，学生可自由选择，并逐步向开放型实验过渡。

其三，在相关国家标准方法基础上，融入了现代仪器分析方法。例如，借助总有机碳仪、气相色谱法、离子色谱法、石墨炉原子吸收光谱法、液相色谱质谱联用法及无人机技术等，使学生能了解环境监测发展的先进技术和方法，接触环境监测领域的研究前沿，掌握最佳测试条件的探索与研究，提高学生的科研能力。

本书由华东理工大学盛梅、蒋晓凤老师担任主编。各部分的编写人员及分工如下：第一章由蒋晓凤、丁思佳编写；第二章至第六章中，实验 1～14、实验 16～25 及实验 28～33 由盛梅、蒋晓凤编写，实验 15 由隋倩编写，实验 26、27 由孙贤波、丁思佳编写，实验 34 由张巍编写。全书由盛梅负责统稿、修改定稿。

由于编者水平有限，书中不妥之处在所难免，敬请各位专家和读者批评指正。

编　者
2021 年 10 月

目录 Contents

第一章　环境分析与监测实验基础知识 ………………………………………… 1

第一节　分析与监测的基本概念 ………………………………………………… 1

第二节　分析与监测方法的分类 ………………………………………………… 3

第三节　水样的采集与保存 ……………………………………………………… 4

第四节　大气样品的采集 ………………………………………………………… 8

第五节　固体样品的采集 ………………………………………………………… 10

第六节　样品采集的质量控制与质量保证 ……………………………………… 10

第二章　水质分析监测实验 ……………………………………………………… 12

实验 1　水中悬浮物的测定 ……………………………………………………… 12

实验 2　水体色度的测定 ………………………………………………………… 14

实验 3　水中化学需氧量的测定 ………………………………………………… 17

实验 4　水中高锰酸盐指数的测定 ……………………………………………… 21

实验 5　水中游离氯和总氯的测定 ……………………………………………… 24

实验 6　水中溶解氧的测定 ……………………………………………………… 27

实验 7　水中生化需氧量的测定 ………………………………………………… 32

实验 8　水中氨氮的测定 ………………………………………………………… 37

实验 9　水中总氮的测定 ………………………………………………………… 41

实验 10　水中总磷的测定 ……………………………………………………… 44

实验 11　水中挥发酚的测定 …………………………………………………… 47

实验 12　水中总有机碳的测定 ………………………………………………… 51

实验 13　水中石油类和动植物油类的测定 …………………………………… 54

实验 14　水中苯系物的测定 …………………………………………………… 57

实验 15　生活污水中抗生素类药物残留的测定 ……………………………… 60

第三章　大气分析监测实验 ……………………………………………………… 64

实验 16　空气中 PM_{10} 和 $PM_{2.5}$ 的测定 …………………………………… 64

实验 17　空气中氮氧化物（一氧化氮和二氧化氮）的测定 ………………… 67

实验 18　室内空气中甲醛的测定 ……………………………………………… 72

实验 19　空气中二氧化硫的测定 ……………………………………………… 78

实验 20　空气中臭氧的测定　靛蓝二磺酸钠分光光度法 …………………… 84

实验 21　离子色谱法测定大气降水中的氟、氯、亚硝酸盐、硝酸盐和硫酸盐 … 88

第四章　土壤及固体废弃物分析监测实验 ……………………………………… 91

实验 22　火焰原子吸收光谱法测定土壤中的总铬 …………………………… 91

实验 23　离子选择性电极法测定土壤中的水溶性氟化物 ·············· 95

实验 24　固体废物的腐蚀性测定 ·············· 98

实验 25　固体废物浸出液中的重金属（镍）含量测定 ·············· 100

第五章　微生物及物理性污染物分析监测实验 ·············· 103

实验 26　空气中微生物浓度的测定 ·············· 103

实验 27　发光细菌法测定工业废水的急性毒性 ·············· 106

实验 28　环境空气中氡的测定 ·············· 110

实验 29　微波炉电磁辐射水平的测定与评价 ·············· 113

实验 30　移动通信基站电磁辐射环境监测方法 ·············· 115

第六章　综合研究型实验 ·············· 120

实验 31　校园区域环境噪声的监测与评价 ·············· 120

实验 32　校园污水站处理效果的监测与评价 ·············· 124

实验 33　石墨炉原子吸收光谱法测定大气降水中的镉 ·············· 126

实验 34　基于无人机技术的校园区域空气 $PM_{2.5}$ 监测 ·············· 128

参考文献 ·············· 131

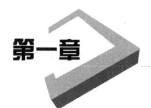

第一章 环境分析与监测实验基础知识

第一节 分析与监测的基本概念

环境样品分析测定后,需要进行数据处理,本章就一些数据处理过程中涉及的基本概念做简单介绍。

一、准确度

准确度是一个特定的分析程序所获得的分析结果(单次测量值和重复测量值的平均值)与假定的或公认的真值相符合程度的量度。它是反映分析方法或测量系统存在的系统误差和随机误差的综合指标。准确度用绝对误差和相对误差表示。

检验准确度可采用的方法有以下两种:

(1)使用标准物质进行分析测定,测量值与保证值比较求得绝对误差。

(2)用加标回收率测定,即在样品中加入标准物质,测定其加标回收率,以确定准确度。加标量一般为样品含量的 0.5~2 倍,但加标后的总浓度不超过该方法的上限浓度值。

二、精密度

精密度是在同一操作条件下,重复检测同样的样品,所得结果之间的一致程度,即重复性和再现性,常用标准偏差表示。不同分析方法的重复性和再现性不同,有些方法本身由于操作步骤少而简单,可能出现的操作失误少,结果容易重现。精密度与操作人员的熟练程度及素质有关,经验丰富、态度严谨的分析工作者进行分析时,结果容易重现。

通常用分析标准物质的方法来确定实验室内或实验室间的精密度。

三、灵敏度

灵敏度是该方法对单位浓度或单位含量的待测物质变化引起的响应信号值变化的程度。它可以用仪器的响应量或其他指示量与对应的待测物质的浓度或含量之比来描述。在定量分析中,通常用校准曲线的斜率来衡量方法的灵敏度。曲线斜率越大,灵敏度越高。许多分析方法的灵敏度常随实验条件的变化而变化,所以,在选择分析方法时,灵敏度只能作为一个方法评价的参考指标。

四、检出限

检出限是指某一方法在给定的置信水平上可以检出被测物质的最小浓度或最小量,即能产生净响应信号的被测物质浓度或量。以浓度表示的检出限称为相对检出限,以质量表示的

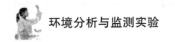

检出限则称为绝对检出限。检出限是一个定性的概念,只表明浓度或量的响应信号可以与空白信号相区别。一般在检出限附近不能进行定量分析。

常见方法的检出限规定:分光光度法,扣除空白值后,吸光度为 0.01 时所对应的浓度值为检出限;气相色谱法,检测器产生的响应信号为噪声值的 2 倍时所对应的量为检出限量,或最小检出量与进样量之比为最小检出浓度。

五、空白试验

空白试验是指对不含待测物质的样品(空白样品),采用与实际样品相同的分析步骤、试剂和用量进行平行操作的试验。

全程序空白试验是指将试验用水代替实际样品,置于样品容器中并按照与实际样品一致的程序进行测定,包括运至采样现场、暴露于现场环境、装入采样瓶中、保存、运输及所有分析步骤。全程序空白样品应按分析方法中的要求采集,空白测量值应满足分析方法中的要求,一般低于方法的检出限。在水质分析监测实验中,每批次水样均应采集全程序空白样品,与实际水样一起送实验室分析,以判断分析结果的准确性,掌握全过程操作和环境条件对样品的影响。

实验室空白试验是指将试验用水代替实际样品,按照与实际样品一致的分析步骤进行测定。空白样品对被测项目有响应的,至少做 2 个实验室空白,测定结果一般应低于方法的检出限。实验室空白试验值如果偏高,应全面更换试验用水、试剂等,或将器皿重新洗涤并更换试验用水,以消除导致空白试验值偏高的因素,重新进行空白试验。

六、校准曲线

校准曲线用以表述待测物质浓度与所测量仪器响应值的函数关系,是取得准确测定结果的基础。校准曲线包括工作曲线(配制标准系列溶液的步骤与样品处理过程完全相同)和标准曲线(配制标准系列溶液时省去了样品的预处理)。

监测中常使用校准曲线的直线范围。根据方法的测量范围配制一系列浓度的标准溶液,系列的浓度值应较均匀地分布在测量范围内,系列点≥6 个(包括零浓度)。

校准曲线的相关系数只舍不入,保留到小数点后出现非 9 的一位。如:0.999 79 应为0.999 7。如果小数点后都是 9,那么最多保留四位。

校准曲线测量应按样品测定的相同步骤进行,测得的仪器响应值在扣除零浓度的响应值后,绘制曲线。用线性回归方程计算校准曲线的相关系数、截距和斜率,一般情况下相关系数应≥0.999。

七、有效数字

有效数字用于表示测量数字的有效意义。由有效数字构成的数值,其倒数第二位以前的数字应是可靠的,只有末位数是不确定的。对有效数字的位数不能任意增删。

数字"0",当它用于指小数点的位置,而与测量的准确度无关时,不是有效数字;但当它用于表示与测量准确程度有关的数值时,即为有效数字。

在记录测量值时,要同时考虑计量器具的精密度和准确度,以及测量仪器本身的读数误差。有效数字可以记录到最小分度值,最多保留一位不确定数字(估计值)。

以实验室常用的计量器具为例:

（1）单标线 A 级 25 mL 容量瓶，准确容积为 25.00 mL，有效数字位数为四位。

（2）单标线 A 级 10 mL 移液管，准确容积为 10.00 mL，有效数字位数为四位。

（3）分度移液管或滴定管，读数的有效数字可达到最小分度后一位，保留一位不确定数字。

（4）分光光度计，最小分度值为 0.005，有效数字位数最多只有三位。

在一系列操作中，使用多种计量仪器时，有效数字位数以最少的一种计量仪器的位数表示。

八、监测结果的表述

表述监测结果时，应采用中华人民共和国法定计量单位。

（1）水和污水分析，分析结果一般用 mg/L 表示。浓度较小时，用 μg/L 表示；浓度较大时，用％（百分数）表示（以"体积分数"或"质量分数"标记）。

（2）底质分析，分析结果一般用 mg/kg（干基）或 μg/kg（干基）表示。

（3）气体样品分析，分析结果一般用 mg/m³ 或 μg/m³ 表示。

双份平行测定在允许差范围内，结果以平均值表示。

测定结果在检出限（或最小检出浓度）以上时，报实际测得的结果值。当低于方法检出限时，报所使用方法的检出限值。例如，"<0.020 mg/L"表明某一项目的监测结果小于 0.020 mg/L，而 0.020 mg/L 是该项监测中所选分析方法的检出限。

第二节　分析与监测方法的分类

一、选择分析与监测方法的原则

正确选择分析与监测方法，是获得准确数据的关键因素之一。选择分析方法应遵循的原则是：灵敏度和准确度能满足测定要求，方法成熟，操作方便、易于普及，抗干扰能力强。

监测方法的评价与选择原则：同一检验项目均列出国家标准测定方法、行业标准测定方法及参考方法，在国家标准测定方法中同一检验项目如有两个或两个以上检验方法时，各实验室可根据自身的仪器设备等条件选择使用。

二、分析与监测方法的分类

我国环境分析与监测方法标准是指为分析与监测环境质量状况和污染源排放行为，规范采样、分析、测定、数据处理等工作而制定的统一要求。环境分析与监测方法具有强制性、规范性，以及严格的制定程序和显著的技术性、时限性，可为环境管理部门制定环保规则和计划提供重要依据。

我国环境分析与监测方法目前有三个层次：国家或行业标准方法、统一分析方法和等效方法。它们相互补充，构成完整的监测分析方法体系。

分析方法首先选用国家标准分析方法、统一分析方法或行业标准方法。某些项目的监测中，尚无标准分析方法和统一分析方法时，可采用 ISO、美国 EPA 和日本 JIS 方法体系中的一些等效分析方法，但应经过验证合格，即其检出限、准确度和精密度应能达到质控要求。

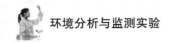

监测因子的分析测试应采用国家颁布的环境质量标准、国家或地方污染物排放标准中规定的相应监测方法。未列入标准的监测因子,分析测试应参照有关标准中规定的监测方法或相应的等效方法。

对于应急监测,由于事故的突发性和复杂性,当颁布的标准监测分析方法不能满足要求时,可等效采用 ISO、美国 EPA 和日本 JIS 方法体系中的相关方法,但须用加标回收、平行双样等指标来检验方法的适用性。

第三节 水样的采集与保存

为了能够真实反映水体的质量,除了分析方法标准化和操作程序规范化之外,特别要注意水样的采集和保存。首先,采集的样品要能够代表水体的质量。其次,采样后容易发生变化的成分应该在现场测定。对需要带回实验室的样品,必须在现场固定,测试之前要妥善保存,确保样品在保存期间不发生明显的物理、化学、生物变化。

采样的地点、时间和采样频率应根据监测目的、水样的类别、水质的均一性、水质的变化、采样的难易程度、所采用的分析方法、有关的环保法规,以及人力、物力等因素综合考虑。

一、环境水样的采集

(一) 采样器的选择

水样的采集应尽可能选择符合技术要求的采样器。采样器应有足够的强度,且使用灵活、方便可靠,与水样接触部分应采用惰性材料,如不锈钢、聚四氟乙烯等。水样采样器可以是水桶、瓶等简单的容器采样器,以采集表层水。一般把采样器投入水面下 0.3~0.5 m 处采集,注意不能混入漂浮于水面上的物质。

横式采样器与铅鱼联现,用于水深流急的河流采集。直立式采样器适用于河流、湖泊、水库等水流平缓、深度一定的水样采集,这类装置在下沉过程中,水就从采样器中流过,当到达预定的深度时,容器能够闭合而汲取水样。有机玻璃采水器由筒体、带轴的两个半圆上盖和活动底板等组成,主要用于水生生物样品的采集,也适用于除细菌指标与油类以外的水质样品的采集。自动采样器利用定时关启的电动采样泵抽取水样,或者利用水面与表层水面的水位差产生的压力采样,或者可随流速变化自动按比例采样等。此类采样器适用于采样时间或空间混合体积分样的采集,但不适用于需要进行油类、pH、溶解氧(DO)、电导率、水温等项目的测定的水样采集。

(二) 采样断面、采样点的选择和设置

在选择河流采样断面时,首先应注意它的代表性,通常需要考虑以下情况:① 污染源对水体水质影响较大的河段,一般设置三种断面:控制断面、对照断面和消减断面。② 水质变化小或污染源对水体影响不大的河流,可仅布设一个断面。③ 在流程途中遇有湖泊、水库时,应尽量靠近流入口和流出口设置断面。④ 一些特殊地点或地区,如饮用水源、生态保护区等应视其需要布设断面。⑤ 在大支流或特殊水质的支流汇合之前,靠近汇合点的主流与支流上,以及汇合点的下游(在已充分混合的地点)布设断面。注意应避开死水及回水区,选择河段顺直、河岸稳定、水流平缓、无急流湍流且交通方便处。⑥ 出入国际河流、重要省际河流等水环境敏感水域,在出入本行政区界处应布设断面,做到尽量与水文断面相结合。

监测断面设置的采样垂线以及各条垂线上的采样点应符合表1-3-1和表1-3-2的规定。

表1-3-1 水面宽与垂线数

水面宽/m	垂 线 数	说 明
≤50	一条(中泓)	(1) 垂线布设应避开污染带,需测污染带时可另加垂线
50～100	两条(左、右近岸有明显水流处)	
>100	三条(左、中、右)	(2) 若断面水质均匀,则可仅设一条中泓垂线

表1-3-2 水深与采样点数

水深/m	采 样 点 数	说 明
≤5	上层一点(水面下0.5 m处)	(1) 水深不足1 m的,在1/2水深处设采样点
>5～10	上、下层两点(水面下0.5 m处与水底上0.5 m处)	(2) 有充分数据说明垂线上水质均匀者,可适当减少点数
>10	上、中、下三层三点(水面下0.5 m处,1/2水深处及水底上0.5 m处)	

对于湖泊、水库,可以在其主要入口、中心区、滞留区、饮用水源地、鱼类产卵和游览区等应设置采样断面和采样点。峡谷型水库,应在水库上游、中游、近坝区及库尾与主要库湾回水区设置采样断面。湖泊(水库)无明显功能区分的,可采用网格法均匀设网格,大小依其面积而定。湖泊(水库)的采样断面应与断面附近水流方向垂直。

海洋采样断面和采样点的设置,一般近岸较密,远岸较疏;主要入海河口、大型厂矿排污口、渔场和养殖场、重点风景游览区、海上石油开发区较密,对照区较疏。采样点力求形成断面,如断面与岸线垂直,河口区的断面与径流扩散方向一致或垂直,开阔海区纵横面呈网格状,港湾断面视地形、潮流、航道的具体情况布设。重点区域设置采样点,对有污染源的入海河口及港口可加密设置采样点,一般两点之间不超过500 m。

对于地下水采样布设与采集,在布设地下水采样井之前,应收集本地区有关资料,包括区域自然水文地质单元特征、地下水补给条件、地下水流向及开发利用情况、污染源及污水排放特征、城镇及工业区分布情况、土地利用与水利工程状况等。

对于废水样品的采集,首先要调查生产工艺、废水排放情况,然后按以下原则确定采样点位置。在工厂排污口布点,目的是监测第二类污染物,如悬浮物、硫化物、挥发酚、石油类,以及铜、锌、氟化物、苯胺类等。在车间后的车间设备出口布采样点,目的是监测第一类污染物,如汞、镉、砷、铅和各种有毒的有机物。在废水处理设施的进水处和出水处布点,掌握排水水质情况和废水处理效果。

二、采集水样时的注意事项

(1) 采集时不可搅动水底沉积物。

(2) 采样点位置要准确,采样时间要按时、准确。

(3) 采样时必须认真填写采样登记表;用签字笔或硬质铅笔在现场做好记录;每个水样瓶上必须贴标签(填写采样点编号、采样日期和时间、测定项目等)。水质采样记录表中一般包括采样现场描述和现场测定项目两部分内容,如水温、pH、DO、电导率、浊度、水样感官指标描述、水文参数、气象参数等。水样采集后塞紧瓶塞,必要时还要密封。

(4) 测定油类的水样,应在水面至水面下 300 mm 处采集柱状水样,并单独采样,全部用于测定。采样瓶(容器)不能用采集的水样冲洗。

(5) 测定 DO、五日生化需氧量(BOD₅)和有机物等项目的水样,必须注满容器,不留空间,并用水封口。要单独采样。

(6) 如果水样中含沉降性固体(如泥沙等),则应分离去除。分离方法是:将所采水样摇匀后倒入 1~2 L 的量筒中,静置 30 min 后,将上层水样移入采样器中,并加入保存剂保存。

(7) 测定湖泊(水库)水化学需氧量(COD_Cr)、高锰酸盐指数、叶绿素 a、总氮、总磷的水样,将水样静置 30 min 后,用吸管一次或数次移取水样至采样器,吸管进水尖嘴应插至水样表层 50 mm 以下位置,再加保存剂保存。

(8) 测定硫化物、余氯、粪大肠菌群、悬浮物、放射性等项目要单独采样。

(9) 水质采样现场记录项目包括:现场描述(环境、水样感官指标)、水文参数、气象参数(气温、气压、风向、风速、相对湿度)、水温、pH、DO、透明度、电导率、浊度。

三、水样的保存

水样采集后,应尽快进行分析。因为放置过久,水样易受到生物、物理和化学因素的影响,致使其物理参数及化学成分发生变化。第一,细菌、藻类和其他生物的作用可改变许多被测指标的浓度,主要反映在 pH、溶解氧、生化需氧量、二氧化碳、碱度、硬度、磷酸盐、硫酸盐、硝酸盐和某些有机化合物的浓度变化上;第二,被测组分被吸附在容器壁上或悬浮颗粒物的表面上,使组分浓度发生变化;第三,某些有机化合物以及某些易挥发组分容易产生挥发损失;第四,被测组分可能会发生氧化还原反应,或者某些会发生沉淀、溶解、聚合等反应,造成浓度发生变化。

应根据不同监测项目的要求,采取适宜的水样保存方法。一般有冷藏或冷冻法、加入化学保护剂法。控制溶液 pH,如测定金属离子的水样常用硝酸酸化至 pH=1~2,以防止重金属水解沉淀,同时防止金属在器壁表面上的吸附,还可以抑制生物的活动。加入氧化剂,如水样中的痕量汞易被还原,引起汞的挥发性损失,加入硝酸-重铬酸钾溶液可使汞维持在高氧化态,汞的稳定性大为改善。加入还原剂,如含余氯的水样能氧化氯离子,使酚类、烃类、苯系物等氯化生成相应的衍生物,为此在采样时应加入适量硫代硫酸钠使其还原,除去余氯的干扰。加入抑制剂,如测定酚类水样时,用磷酸溶液调节 pH,加入硫酸铜以控制苯酚分解菌的活动。

不同检测项目的水样保存技术见表 1-3-3。

表 1-3-3　常用水样保存技术

待 测 项 目	容器类别	保存方法、采样量	保 存 期
pH	P/G	尽量现场测定,250 mL	12 h
碱度	P/G	0~4℃避光保存,500 mL	12 h
酸度	P/G	0~4℃避光保存,500 mL	30 d
电导率	P/G	尽量现场测定,250 mL	12 h
色度	P/G	尽量现场测定,250 mL	12 h
悬浮物	P/G	0~4℃避光保存,500 mL	14 d
浊度	P/G	尽量现场测定,250 mL	12 h

续　表

待测项目	容器类别	保存方法、采样量	保存期
溶解氧(DO)	溶解氧瓶	现场固定,加硫酸锰溶液与碱性碘化钾溶液,0~4℃避光保存,250 mL	24 h
化学需氧量(COD_{Cr})	G	加硫酸,pH≤2,500 mL	2 d
五日生化需氧量(BOD_5)	溶解氧瓶	0~4℃避光保存	12 h
高锰酸盐指数	G	加硫酸,pH<2,500 mL	2 d
总有机碳(TOC)	G	0~4℃避光保存,加硫酸,pH≤2	7 d
F^-	P	0~4℃避光保存	14 d
Cl^-	P/G	0~4℃避光保存	30 d
Br^-	P/G	0~4℃避光保存	14 h
I^-	P/G	加 NaOH,调 pH=12	14 h
硫酸根离子	P/G	0~4℃避光保存	30 d
磷酸根离子	P/G	用 NaOH 或 H_2SO_4 调 pH=7,0.5%三氯甲烷	7 d
总磷	P/G	用 HCl 或 H_2SO_4 酸化至 pH≤2	24 h
氨氮	P/G	用 H_2SO_4 酸化至 pH≤2	24 h
亚硝酸盐氮	P/G	0~4℃避光保存	24 h
硝酸盐氮	P/G	0~4℃避光保存	24 h
凯氏氮	G	0~4℃避光保存	14 d
总氮	P/G	用 H_2SO_4 酸化至 pH≤2	7 d
硫化物	P/G	1 L 水样加 NaOH 至 pH=9,加入 5%抗坏血酸 5 mL,饱和 EDTA 3 mL,滴加饱和醋酸锌,至胶体产生,常温避光	24 h
总氰化物	P/G	用 NaOH 调 pH≥9	12 h
Be、B、Na、Mg、K、Ca、Mn、Fe、Ni、Cu、Zn、Cd	P	1 L 水样加浓硝酸 10 mL,250 mL	14 d
Cr^{6+}	P/G	加 NaOH,调 pH=8~9	14 d
As	P/G	1 L 水样加浓硝酸 10 mL,铜试剂法,加入浓盐酸 2 mL	14 d
Se	P/G	1 L 水样加浓盐酸 2 mL	14 d
Ag	P/G	1 L 水样加浓硝酸 2 mL	14 d
Sb	P/G	加入 0.2%浓硝酸(氢化物法)	14 d
Hg	P/G	加入 0.1%浓盐酸	14 d
Pb	P/G	加入 0.1%浓硝酸	14 d
油类	G	加 HCl,pH≤2,0~4℃避光保存,加入 0.01~0.02 g 抗坏血酸去除残余氯;1 000 mL	7 d
农药类 除草剂类 邻苯二甲酸酯类	G	0~4℃避光保存,加入 0.01~0.02 g 抗坏血酸去除残余氯;1 000 mL	24 h

待 测 项 目	容器类别	保存方法、采样量	保 存 期
挥发性有机物	G	0～4℃避光保存,用1～10 mL HCl,调节 pH≤2,加入 0.01～0.02 g 抗坏血酸去除残余氯;1 000 mL	12 h
甲醛	G	0～4℃避光保存,加入 0.2～0.5 g/L 硫代硫酸钠除去残余氯	24 h
酚类	G	0～4℃避光保存,用磷酸酸化至 pH≤2,加入 0.01～0.02 g 抗坏血酸去除残余氯;1 000 mL	24 h
阳离子表面活性剂	P/G	0～4℃避光保存	24 h
微生物	G	0～4℃避光保存,加入 0.2～0.5 g/L 硫代硫酸钠除去残余氯	12 h
生物	P/G	当不能现场测定时,用甲醛固定	12 h

注:P 代表塑料,G 代表玻璃。

第四节　大气样品的采集

采集大气(空气)和废气样品的方法可以归纳为直接采样法、富集(浓缩)采样法和综合采样法三类。

一、直接采样法

当空气中的被测组分浓度高,或者监测方法灵敏度高时,直接采集少量气样即可满足分析与监测要求。例如,用非色散红外吸收法测定空气中的一氧化碳,用紫外荧光法测定空气中的二氧化硫等都用直接采样法,这种方法测得的结果是瞬时浓度或短时间内的平均浓度。常用的采样容器有注射器、塑料袋、采气管、真空瓶等。用这些容器采样,应先用待采气体抽洗容器2～3次,保证待采气体样品不被污染,同时保证其不与容器发生吸附或其他化学反应。一般而言,这种方法采集的样品应尽快分析。

(1)注射器采样:常用 100 mL 注射器采集有机蒸气样品,采样时先抽取现场气体 2～3次,然后抽取 100 mL,密封进气口,带回实验室分析。样品存放时间不宜过长,一般应在当天分析完。

(2)塑料袋采样:应选择与气样中污染组分既不发生化学变化,也不吸附、不渗漏的塑料袋。常用的有聚四氟乙烯袋、聚乙烯袋及聚酯袋等。为减少对被测组分的吸附,可在塑料袋的内壁衬银、铝等金属膜。采样时,先用二联球打进现场气体冲洗 2～3次,再充满气样,夹封进气口,带回实验室尽快分析。

(3)采气管采样:采气管是两端具有旋塞的管式玻璃容器,其容积为 100～500 mL。采样时,打开两端旋塞,将二联球或抽气泵接在管的一端,迅速抽进比采气管容积大 6～10 倍的待采气体,使采气管中原有气体被完全置换出来,关上两端旋塞,采气体积即为采气管的容积。

(4)真空瓶采样:真空瓶是一种用耐压玻璃制成的容积固定的容器,容积为 500～600 mL。采样前,先用抽真空装置将采气瓶(瓶外套有安全保护套)内抽至剩余压力 1.33 kPa,

如瓶内预先装入吸收液,可抽至溶液冒泡为止。采样时,打开瓶塞,待采空气即流入瓶内,关闭旋塞,采样体积为真空采气瓶的容积。如果采气瓶内真空度达不到 1.33 kPa,实际采样体积应根据剩余压力进行计算。

二、富集(浓缩)采样法

大气中的污染物质浓度一般都比较低($10^{-9} \sim 10^{-6}$ 数量级),直接采样法不能满足分析方法检测限的要求,这就需要用富集(浓缩)采样法对空气中的污染物进行浓缩。富集(浓缩)采样一般所用时间比较长,测得结果代表采样时段的平均浓度,更能反映空气污染的真实情况。这类采样方法有溶液吸收法、填充柱阻留法、滤料阻留法、自然积聚法等。

(1)溶液吸收法:这种方法是采集空气中气态、蒸气态及某些气溶胶态污染物质的常用方法。采样时,用抽气装置将待测大气或废气以一定流量抽入装有吸收液的吸收瓶(管)内。采样结束后,倒出吸收液进行测定,根据测定结果及采样体积计算大气中污染物的浓度。

溶液吸收法的吸收效率主要取决于吸收速度及气体样品与吸收液的接触面积。

吸收液的选择原则如下:与被采集的污染物发生化学反应快或对其溶解度大;污染物被吸收液吸收后,有足够的稳定时间;污染物被吸收液吸收后,应有利于下一步分析测定;吸收液毒性小、价格低、易于购买,最好能回收利用。

主要的吸收瓶(管)包括气泡吸收管、冲击式吸收管和多孔玻板吸收瓶。

(2)填充柱阻留法:填充柱是用一根长 6~10 cm、内径 3~5 mm 的玻璃管或塑料管,内装颗粒状或纤维状的固体填充剂制成的。填充剂可以用吸附剂或在颗粒状的或纤维状的担体上涂喷某种化学试剂。采样时,当气样以一定流速通过填充柱时,气体中被测组分因吸附、溶解或化学反应等作用而被阻留在填充柱上。填充柱分为吸附型、分配型和反应型三种类型。

吸附型填充柱,这种柱的填充剂是颗粒状固体吸附剂,如活性炭、硅胶、分子筛、高分子多孔微球等,它们都是多孔性物质,表面积大,对气体有较强的吸附能力。

分配型填充柱,这种柱的填充剂是表面涂有高沸点有机溶剂(如异十三烷)的惰性多孔颗粒物(如硅藻土),类似于色谱柱中的固定相,只是有机溶剂(固定液)中配(分配)系数大的组分保留在填充剂上而被富集。

反应型填充柱,这种柱的填充剂由多性多孔颗粒(如石英砂、玻璃微球等)或纤维状物(如滤纸、玻璃棉等)表面涂渍能与被测组分发生化学反应的试剂制成。也可以用能与被测组分发生化学反应的纯金属(如 Au、Ag、Cu 等)丝毛或细粒作填充剂。气样通过填充柱时,被测组分在填充剂表面因发生化学反应而被阻留在填充柱上。采样后,将反应生成物用适宜的溶剂洗脱或加热解吸下来进行分析。

(3)滤料阻留法:将过滤材料(滤纸、滤膜等)放在采样夹上,采用抽气装置抽气,空气中的颗粒物被阻留在过滤材料上。称量过滤材料上富集颗粒物的质量,根据采样体积,即可计算出空气中颗粒物的浓度。滤料的采集效率除与自身性质有关外,还与采样速度、颗粒物的大小等因素有关。低速采样以扩散沉降为主,对细小颗粒物的采集效率高;高速采样以惯性碰撞作用为主,对较大颗粒物的采集效率较高。

(4)自然积聚法:这种方法是利用物质的自然重力、空气动力和浓差扩散作用采集空气中的被测物质,如用于自然降尘量、硫酸盐化速率、氟化物等项目的测定时空气样品的采集。采样不需动力设备,简单易行,且采样时间长,测定结果能较好地反映空气污染情况。

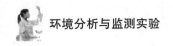
三、综合采样法

空气中的污染物并不是以单一状态存在的,可采取不同采样方法相结合的综合采样法,将不同状态的污染物同时采集下来。例如,在滤料采样夹后接上液体吸收管或填充柱采样管,颗粒物收集在滤料上,而气体污染物收集在吸收管或填充柱中。又如,无机氟化物以气态(HF、SiF_4等)或颗粒态(NaF、CaF_2等)存在,两种状态的毒性差别很大,需分别测定。此时,可将两层滤料串联起来采集,第一层用微孔滤膜,采集颗粒态氟化物,第二层用碳酸钠浸渍的滤膜采集气态的氟化物。

第五节　固体样品的采集

环境监测中,固体样品主要有固体废物、土壤及水下底泥等。

对于固体废物,常进行监测的是工业有害固体废物、城市固体生活垃圾。有害固体废物中含有病菌、重金属、酸性和碱性物质、易燃易爆物质、放射性物质、因内部的化学反应及生物反应而产生并释放出的大量气体或其他反应产物等,严重影响环境质量。同一类工业有害固体废物中,有害成分相对单一,如果堆放均匀松散或呈粉末状,可在不同部位取少量试样混匀作为分析试样;如果堆放不均匀,为大的块状结构,则需要规范布点,采集样品后按一定比例混合样品作为分析试样。城市固体生活垃圾为多种物质组成的混合物,采样相对复杂。在对城市生活垃圾进行采样时,布点要均匀,不同深度层面上都要布设采样点,不同采样点的采样量应基本相同,最后进行混合,得到待测样品。

土壤样品采集时,应根据具体监测目的,选择采样单元。如果是为了了解工业排放有害气体对土壤的污染状况,则要在污染范围内,以工厂为中心,根据当地气象状况、工厂车间或工业企业在当地的分布情况选择采样单元;如果想了解污水灌溉对土壤的污染状况,则在污水流经的土地面积范围内选择采样单元,在采样单元内均匀布设采样点。对于污染状况的调查,一般采样深度控制在0～15 cm 或0～20 cm 范围内。

水下底泥样品采集时,一般使用勺、钩类或管状器具,勺和钩类器具适合底泥表层的采样;管状器具适合深层底泥的采样。

固体样品采集后,有时需要粉碎,一般采用机械或人工方法将全部样品逐级粉碎,过5 mm 筛网,不可随意丢弃难于粉碎的颗粒。对粉碎后的固体样品进行缩分时,首先将样品置于清洁、平整、不吸水的板面上堆成圆锥体,要求每铲物料自圆锥顶端均匀地散落,反复转堆,至少三周,使样品充分混匀;然后将圆锥顶端轻轻压平,摊开物料后,分成四等份,取两个对角的等份,重复操作数次,直到采集不少于1 kg 试样为止。

第六节　样品采集的质量控制与质量保证

实验样品数据的可靠性不仅依靠样品预处理和后期的仪器分析质量控制,还要依靠样品采集的质量控制。样品分析前的质量控制与质量保证是十分重要的。

样品采集的质量控制应注意以下几点:

（1）具有有关样品采集的文件化程序和相应的统计技术。

（2）要加强采样技术管理，严格执行样品采集规范和统一的采样方法。

（3）建立并保证切实贯彻执行有关样品采集管理的规章制度。

（4）采样人员能掌握和熟练运用采样技术及样品保存、处理和贮运等技术，保证采样质量。

（5）建立采样质量保证责任制度和措施，确保样品不变质、不损坏、不混淆，保证其真实性、可靠性、准确性和有代表性。

（6）设备、材料空白是指用纯水浸泡采样设备、材料作为样品，这些空白用来检验采样设备、材料的污染状况。质量保证一般采用现场空白、运输空白、现场平行样和现场加标样或质控样及设备、材料空白等方法对采样进行跟踪控制。

（7）现场采样质量保证作为质量保证的一部分，它与实验室分析和数据管理共同确保分析数据具有一定的可信度。

（8）现场加标样或质控样的数量，一般控制在样品总量的 10% 左右，但每批样品不少于两个。

（9）采取防污染措施和手段。

样品采集的质量保证包括采样、样品处理、样品运输和样品贮存的质量控制几个方面。质量保证就是要确保采集的样品在空间与时间上具有合理性和代表性，符合真实情况。同时，采样过程的质量保证最根本的是保证样品真实性：既满足时空要求，又保证样品在分析之前不发生物理化学性质的变化。

第二章 水质分析监测实验

实验 1　水中悬浮物的测定

一、实验目的

1. 掌握重量法测定悬浮物的方法。

2. 熟悉过滤和称量的基本操作。

二、实验原理

工业废水和生活污水中含有大量无机、有机悬浮物,易堵塞管道、污染环境,因此悬浮物是环境监测中的必测指标。

悬浮物(SS)是指水样经过滤后留在过滤器上,并置于烘箱103~105℃烘干至恒重后得到的物质,包括不溶于水的泥沙,各种污染物、微生物及难溶无机物等。常用的过滤器有滤纸、滤膜、石棉坩埚(由于孔径大小不一,在报告结果时应注明)。

三、仪器与试剂

1. 烘箱。

2. 分析天平。

3. 干燥器。

4. 全玻璃微孔滤膜过滤器:孔径为 0.45 μm 的滤膜。

5. 蒸馏水。

四、实验步骤

1. 滤膜准备

将滤膜放在称量瓶中,打开瓶盖,置于烘箱103~105℃烘干0.5 h,取出称量瓶,置于干燥器内冷却至室温后,盖好瓶盖称量。重复烘干、冷却、称量过程,直到两次称量的质量差≤0.2 mg,即为恒重(记为 m_2)。将恒重的滤膜正确放入滤膜过滤器上,固定好,用蒸馏水湿润滤膜,并不断吸滤。

2. 测定

量取充分混合均匀的水样100 mL,抽吸过滤,使水分全部通过滤膜,再以10 mL蒸馏水洗涤,如此三次,继续吸滤以除去痕量水分。停止吸滤后,小心取出载有悬浮物的滤膜放在称量瓶中,置于烘箱103~105℃烘干1 h,取出,置于干燥器内冷却至室温,称其质量。反复烘干、冷却、称量,直到两次称量的质量差≤0.4 mg为止,记为 m_1。实验数据记录在表2-1-1中。

五、数据记录与处理

1. 实验数据记录

表 2-1-1　悬浮物测定数据记录表

样　品　名　称	水样 1	水样 2	水样 3
水样体积/mL			
m_1/g			
m_2/g			
悬浮物质量浓度/(mg/L)			

2. 计算

水样中悬浮物质量浓度按式(2-1-1)计算：

$$\rho = \frac{m_1 - m_2}{V} \times 10^6 \qquad (2-1-1)$$

式中　ρ——水样中悬浮物质量浓度，mg/L；

　　　m_1——悬浮物、滤膜及称量瓶的质量，g；

　　　m_2——滤膜及称量瓶的质量，g；

　　　V——水样体积，mL。

六、注意事项

1. 滤膜截留的悬浮物过多，可能夹带过多的水分，造成干燥时间的延长，导致过滤困难，可适当少取试样。

2. 悬浮物过少，则会增大称量误差。一般以 5～100 mg 悬浮物量作为量取试样体积的适用范围。

七、思考与讨论

1. 对于黏度较高的水样，不易进行过滤操作，需要对水样做何预处理？

2. 采样前后的滤膜称量应使用同一台分析天平，为什么？试分析原因。

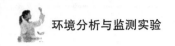

实验 2 水体色度的测定

当水体中存在某些物质时,会表现出一定的颜色。水的颜色可分为真实颜色(真色)和表观颜色(表色)两种。真色是指去除悬浮物后水的颜色,而表色是指没有去除悬浮物的水所具有的颜色。对于清洁的或浊度低的水,真色和表色很相近,对于着色很深的工业废水,两者差别较大。一般水的色度以真色表示,对于工业有色废水常用稀释倍数法辅以文字来描述,天然水和轻度污染水可用铂-钴比色法测定其色度。

方法一 铂-钴比色法

一、实验目的

掌握铂-钴比色法测定废水色度的原理及操作。

二、实验原理

用氯铂酸钾和氯化钴配制成与天然水黄色色调相似的标准色列,用于水样目视比色测定。规定 1 mg/L 的铂[以$(PtCl_6)^{2-}$形式存在]所具有的颜色作为 1 个色度单位,称为 1 度。测定前应除去水样中的悬浮物,浑浊水样测定时需先离心使之清澈。

三、仪器与试剂

1. 具塞比色管:50 mL。

2. 铂-钴标准溶液:色度=500 度。称取 1.246 g 氯铂酸钾(K_2PtCl_6)和 1.000 g 氯化钴($CoCl_2 \cdot 6H_2O$),溶于 100 mL 纯水中,加入 100 mL 浓盐酸,转移至 1 000 mL 容量瓶中,定容,摇匀。此标准溶液的色度为 500 度,将其密闭存于暗处。

四、实验步骤

1. 水样预处理

将浑浊水样倒入 250 mL 量筒中,静置 15 min,移取上层液体作为待测水样进行测定。

2. 铂-钴标准色列的配制

于 13 支 50 mL 比色管中分别加入 0 mL,0.50 mL,1.00 mL,1.50 mL,2.00 mL,2.50 mL,3.00 mL,3.50 mL,4.00 mL,4.50 mL,5.00 mL,6.00 mL 和 7.00 mL 的铂-钴标准溶液,用水稀释至标线,摇匀,密封保存。配制成的标准色列的色度分别是:0 度,5 度,10 度,15 度,20 度,25 度,30 度,35 度,40 度,45 度,50 度,60 度和 70 度。

3. 水样测定

取 50.0 mL 澄清水样于比色管中,将水样与铂-钴标准色列进行目视比色。观察时将比色管置于白瓷板或白纸上,使光线从管的底部向上透过液柱,目光从管口垂直向下观察,记下与水样色度相同的标准色列的色度。

若水样色度较大(超过 70 度),可取适量水样于 50 mL 比色管中,用纯水稀释至刻度,使其色度落入标准色列中,将结果乘以稀释倍数。

实验数据记录在表 2-2-1 中。

五、数据记录与处理

1. 实验数据记录

表 2－2－1　铂-钴比色法测定水样色度数据记录表

样　品　名　称	水样 1	水样 2	水样 3
采样地点			
水样温度/℃			
大气压/hPa			
待测水样的取样体积/mL			
稀释后水样相当于铂-钴标准色列的色度/度			
待测水样的色度/度			

2. 计算

按式(2－2－1)计算待测水样的色度：

$$色度 = \frac{A \times 50}{V} \qquad\qquad (2-2-1)$$

式中　A——稀释后水样相当于铂-钴标准色列的色度,度；

　　　V——稀释前水样的取样体积,mL；

　　　50——水样稀释后的体积(比色管体积),mL。

六、注意事项

1. 水样浑浊,需放至澄清,也可用离心法或用孔径为 0.45 μm 的滤膜过滤,以去除悬浮物。但不能用滤纸过滤,因为滤纸会吸附部分溶解于水的有色物质。

2. 色度在 0～40 度范围内,测量值可准确到 5 度；在 40～70 度范围内,测量值可准确到 10 度。

3. 若水样中有泥土或分散着很细的悬浮物,经预处理仍得不到透明水样,则只测其表色。

七、思考与讨论

1. 铂-钴比色法数据的单位是什么？请解释说明。

2. 铂-钴比色法测定的是水样的真色还是表色？

方 法 二　稀 释 倍 数 法

一、实验目的

掌握稀释倍数法测定废水色度的原理及操作。

二、实验原理

将样品用纯水稀释至刚好看不出颜色时,记录稀释倍数,以此表示该水样的色度,单位为"倍"。同时观察样品,记录颜色性质(如颜色深浅、色调、透明度等)。

三、仪器与试剂

1. 具塞比色管：50 mL。

2. pH 计。

3. 纯水。

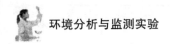

四、实验步骤

1. 水样预处理

分别取待测水样和纯水于 50 mL 具塞比色管中,加纯水至标线。将比色管放在白瓷板上,使光线从管的底部向上透过液柱,目光从管口垂直向下观察,比较样品和纯水,描述样品呈现的色度和色调。

2. 水样稀释

将水样用纯水逐级稀释成不同倍数,分别置于 50 mL 比色管中,加水至标线,管底部放在白瓷板上,使光线从管的底部向上透过液柱,目光从管口垂直向下观察,将试样稀释至刚好与纯水无法区别为止,记下此时的稀释倍数值。

3. pH 测定

另取水样,测定 pH。

采样条件和实验测定数据记录在表 2-2-2 中。

五、数据记录与处理

1. 实验数据记录

表 2-2-2　稀释倍数法测定水样色度数据记录表

样 品 名 称	水样 1	水样 2	水样 3
采样地点			
水温/℃			
大气压/hPa			
水样 pH			
颜色描述			
水样色度/倍			

2. 数据处理

将逐级稀释的各个倍数相乘,所得之积取整数,以此表示样品的色度。同时用文字描述样品的颜色深浅、色调,如果可能,包括透明度。记录 pH。

六、注意事项

如测定水样的真色,应放置澄清后取上清液,或离心法去除悬浮物后测定。如测定水样的表色,则应待水样中的大颗粒物沉降后,取上清液测定。

七、思考与讨论

1. 为什么测色度时要测定 pH?

2. 铂-钴比色法和稀释倍数法测定水样色度时,各自适用于什么情况?

实验 3　水中化学需氧量的测定

一、实验目的

1. 了解测定 COD_{Cr} 的意义和方法。

2. 掌握重铬酸钾法测定 COD_{Cr} 的原理和方法。

3. 掌握回流消解的方法。

二、实验原理

化学需氧量(COD_{Cr})指在一定条件下,经重铬酸钾氧化处理时,水样中的溶解性物质和悬浮物所消耗的重铬酸钾相对应的氧的质量浓度,以 mg/L 表示。

在水样中加入已知量的重铬酸钾溶液,并在强酸介质下以银盐作催化剂氧化水样中的还原性物质,经沸腾回流后,以试亚铁灵作为指示剂,用硫酸亚铁铵滴定水样中未被还原的重铬酸钾,由消耗的重铬酸钾的量计算出消耗氧的质量浓度。

在酸性重铬酸钾条件下,芳烃和吡啶难以被氧化,其氧化率较低。在硫酸银催化作用时,直链脂肪族化合物可有效地被氧化,无机还原性物质如亚硝酸盐、硫化物和二价铁盐等将使测定结果增大,其需氧量也是 COD_{Cr} 的一部分。

本方法的主要干扰物是氯化物,氯离子能被重铬酸钾氧化,并且能与硫酸银作用产生沉淀,影响测定结果,故在回流前可在水样中加入硫酸汞溶液,经回流后,氯离子与硫酸汞结合成可溶性的氯汞配合物,以消除干扰。硫酸汞溶液的用量可根据水样中氯离子的含量,按质量比 $m(HgSO_4):m(Cl^-) \geqslant 20:1$ 加入,最大加入量为 2 mL(按照氯离子最大允许浓度 1 000 mg/L 计)。当水样中氯离子含量高于 1 000 mg/L 时,应先做定量稀释,使氯离子含量降低至 1 000 mg/L 以下,再进行测定。

当取样体积为 10.00 mL 时,本方法的检出限为 4 mg/L,测定下限为 16 mg/L。未经稀释的水样测定上限为 700 mg/L,超过上限时须稀释后测定。

三、仪器与试剂

1. 回流装置:带有 250 mL 或 500 mL 磨口锥形瓶的全玻璃回流装置,球形冷凝器,长度为 30 cm。

2. 加热装置:电热板或其他等效消解装置。

3. 防暴沸玻璃珠。

4. 分析天平:感量为 0.000 1 g。

5. 酸式滴定管:25 mL 或 50 mL。

6. 硫酸溶液:1+9(V/V)。

7. 重铬酸钾标准溶液:$c(1/6K_2Cr_2O_7)=0.250$ mol/L。准确称取 12.258 g 重铬酸钾(基准试剂,预先于 120 ℃ 烘干至恒重)溶于水,移入 1 000 mL 容量瓶中,定容,混匀。

8. 硫酸-硫酸银溶液:称取 10 g 硫酸银加到 1 000 mL 浓硫酸中,放置 1～2 d,不时摇动使其溶解,使用前小心混匀。

9. 硫酸汞溶液:$\rho(HgSO_4)=100$ g/L。称取 10 g 硫酸汞溶于 100 mL 硫酸溶液(1+9)

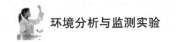

中,混匀。

10. 硫酸亚铁铵标准溶液:$c[(NH_4)_2Fe(SO_4)_2] \approx 0.05$ mol/L。称取 19.5 g 六水合硫酸亚铁铵$[(NH_4)_2Fe(SO_4)_2 \cdot 6H_2O]$溶于水中,边搅拌边缓慢加入 10 mL 浓硫酸,待溶液冷却后稀释至 1 000 mL。

每日临用前,必须用重铬酸钾标准溶液准确标定硫酸亚铁铵溶液的浓度。

标定方法:移取 5.00 mL 重铬酸钾标准溶液于锥形瓶中,用水稀释至约 50 mL,缓慢加入 15 mL 浓硫酸,摇匀。冷却后加入 3 滴(约 0.15 mL)试亚铁灵指示剂,用硫酸亚铁铵标准溶液滴定,溶液的颜色由黄色经蓝绿色刚变为红褐色即为终点,记录硫酸亚铁铵标准溶液的消耗量 V(mL),标定时做 3 个平行样,取其平均值。每日临用前标定。

标定硫酸亚铁铵标准溶液浓度的实验数据记录在表 2-3-1 中。

11. 试亚铁灵指示剂溶液:1,10-菲绕啉(1,10-phenanathroline monohy drate,$C_{12}H_8N_2 \cdot H_2O$,商品名为邻菲啰啉、1,10-菲罗啉)指示剂溶液。称取 0.7 g 七水合硫酸亚铁($FeSO_4 \cdot 7H_2O$)溶于 50 mL 水中,加入 1.5 g 1,10-菲绕啉,搅拌至溶解,稀释至 100 mL,贮于棕色瓶内。

四、实验步骤

1. 水样预处理

移取 10.00 mL 混合均匀的水样(或适量水样稀释至 10.00 mL)于锥形瓶中,依次加入硫酸汞溶液,5.00 mL 重铬酸钾标准溶液及数粒防暴沸玻璃珠,摇匀。硫酸汞溶液按质量比 $m(HgSO_4):m(Cl^-) \geqslant 20:1$ 加入,最大加入量为 2 mL。

2. 回流消解

将锥形瓶连接回流装置冷凝管下端,从冷凝管上端缓慢加入 15 mL 硫酸-硫酸银溶液,以防止低沸点有机物的逸出,轻轻旋动锥形瓶使溶液混匀。自溶液开始沸腾时计时,保持溶液微沸状态加热回流 2 h。若为水冷装置,应在加入硫酸-硫酸银溶液之前通入冷凝水。冷却后,自冷凝管上端加入 45 mL 水冲洗冷凝管,取下锥形瓶。

3. 滴定

溶液冷却至室温后,加入 3 滴试亚铁灵指示剂溶液,用硫酸亚铁铵标准溶液滴定,溶液的颜色由黄色经蓝绿色刚变为红褐色即为终点,记录硫酸亚铁铵标准溶液的消耗体积 V_1。

4. 空白试验

以 10.00 mL 实验用水代替水样,按同样操作步骤做空白试验。记录空白滴定时硫酸亚铁铵标准溶液的消耗体积 V_0。

样品测定实验数据记录在表 2-3-2 中。

五、数据记录与处理

1. 标定硫酸亚铁铵浓度实验记录

表 2-3-1　标定硫酸亚铁铵标准溶液浓度的数据记录表

序　　号	1	2	3
消耗硫酸亚铁铵标准溶液的体积 V/mL			
硫酸亚铁铵标准溶液的浓度/(mol/L)			
硫酸亚铁铵标准溶液浓度的平均值/(mol/L)			

2. 样品测定实验记录

表 2-3-2　样品 COD_{Cr} 测定数据记录表

样品名称	空白试样	水样 1	水样 2	水样 3
水样体积/mL				
消耗硫酸亚铁铵标准溶液的体积 V_1/mL				
COD_{Cr}/(mg/L)				

当 COD_{Cr} 测定结果小于 100 mg/L 时,保留至整数位;当 COD_{Cr} 测定结果大于 100 mg/L 时,保留三位有效数字。

3. 计算

(1) 硫酸亚铁铵标准溶液的浓度,按式(2-3-1)计算:

$$c = \frac{0.250 \times 5.00}{V} \tag{2-3-1}$$

式中　c——硫酸亚铁铵标准溶液浓度,mol/L;

　　　V——标定时消耗硫酸亚铁铵标准溶液的体积,mL。

(2) 水样的 COD_{Cr} 按式(2-3-2)计算:

$$COD_{Cr} = \frac{(V_0 - V_1) \times c \times 8 \times 1\,000}{V_2} \tag{2-3-2}$$

式中　COD_{Cr}——样品的化学需氧量,mg/L;

　　　c——硫酸亚铁铵标准溶液的浓度,mol/L;

　　　V_0——滴定空白试样时消耗硫酸亚铁铵标准溶液的体积,mL;

　　　V_1——滴定水样时消耗硫酸亚铁铵标准溶液的体积,mL;

　　　V_2——加热回流时所取水样的体积,mL;

　　　8——氧($1/4\,O_2$)的摩尔质量,g/mol。

六、注意事项

1. 对于污染严重的水样,可选取所需体积 1/10 的水样放入硬质玻璃管中,加入 1/10 的试剂,摇匀后加热至沸腾数分钟,观察溶液是否变成蓝绿色。如变为蓝绿色,应再适当少取水样,直至溶液不变回蓝绿色为止,从而可以确定待测水样的稀释倍数。

2. 对于化学需氧量小于 50 mg/L 的水样,应改用 0.025 mol/L 的重铬酸钾标准溶液。回滴时用 0.005 mol/L 的硫酸亚铁铵标准溶液。

3. 水样加热回流后,溶液中重铬酸钾剩余量控制在加入量的 1/5~4/5 为宜。

4. 消解时应使溶液保持微沸状态,不宜暴沸。若出现暴沸,则说明溶液中出现局部过热,会导致测定结果出现误差。

5. 试亚铁灵指示剂的加入量虽然不影响临界点,但应该尽量一致。溶液的颜色先变为蓝绿色再变为红褐色即达到终点,几分钟后可能还会重现蓝绿色。

6. 用邻苯二甲酸氢钾标准溶液检查试剂的质量和操作技术。邻苯二甲酸氢钾标准溶液:$c(KHC_8H_4O_4) = 2.082\,4$ mmol/L。称取 0.425 1 g 邻苯二甲酸氢钾(基准级,预先于 105 ℃ 干燥 2 h)溶于水,移入 1 000 mL 容量瓶中,定容,混匀。以重铬酸钾为氧化剂,将邻苯二甲酸氢钾标准溶液完全氧化的 COD_{Cr} 为 1.176 g O_2/g（1 g 邻苯二甲酸氢钾耗 1.176 g O_2），故该标准溶液的理论 COD_{Cr} 为 500 mg/L。

七、思考与讨论

1. 测定 COD_{Cr} 时，水样回流消解前加入硫酸银和硫酸汞的目的是什么？

2. 如果发现回流水样溶液呈绿色，是什么原因造成的？如何解决？

3. 配制硫酸亚铁铵标准溶液时为什么要加浓硫酸？

4. 水样消解回流时，若出现暴沸，是什么原因引起的？对测定结果有什么影响？

5. 水样测定时，为什么需要做空白校正？

6. 当采用不同的稀释倍数时，测定 COD_{Cr} 的结果不一致，该如何处理数据？

7. 计算 1 g 葡萄糖、1 g 邻苯二甲酸氢钾的理论 COD_{Cr}。若需配制 COD_{Cr} 为 500 mg/L 的溶液 1 L，问需称取葡萄糖、邻苯二甲酸氢钾的质量各为多少克？

实验4　水中高锰酸盐指数的测定

一、实验目的

1. 掌握测定高锰酸盐指数的意义。
2. 掌握高锰酸盐指数测定的原理和方法。

二、实验原理

在一定条件下，用高锰酸钾氧化水样中的某些有机物及无机可氧化物质，由消耗的高锰酸钾量计算相当的氧量。用 I_{Mn} 表示。高锰酸盐指数是反映水体中有机及无机可氧化物质污染的常用指标，由于在规定条件下，水中的很多有机物只能被部分氧化，易挥发的有机物也不包含在测定值之内。因此，该指数不能作为理论需氧量，也不能作为总有机物含量的指标。

样品中加入已知量的高锰酸钾和硫酸，在沸水浴中加热30 min，高锰酸钾将样品中的某些有机物和无机可氧化物质氧化，反应后加入过量的草酸钠还原剩余的高锰酸钾，再用高锰酸钾标准溶液回滴过量的草酸钠，通过计算得到样品中高锰酸盐指数。

三、仪器与试剂

1. 水浴装置。
2. 硫酸溶液：$1+3(V/V)$。在不断搅拌下，将100 mL浓硫酸慢慢加至300 mL水中，趁热加入数滴高锰酸钾溶液，直至溶液出现粉红色。
3. 氢氧化钠溶液：$\rho(NaOH)=500$ g/L。称取50 g氢氧化钠溶于水中，稀释至100 mL（碱性高锰酸钾氧化法中使用）。
4. 高锰酸钾标准贮备液：$c(1/5KMnO_4)\approx0.1$ mol/L。称取3.2 g高锰酸钾溶解于1 000 mL水。于90～95℃水浴中加热此溶液2 h，冷却。放置2 d后，缓慢倾倒出上清液，贮于棕色瓶中。
5. 高锰酸钾标准使用液：$c(1/5KMnO_4)\approx0.01$ mol/L。吸取100 mL高锰酸钾标准贮备液于1 000 mL容量瓶中，定容，混匀。使用当天用草酸钠标准溶液标定，得到实际浓度。
6. 草酸钠标准贮备液：$c(1/2Na_2C_2O_4)=0.100\,0$ mol/L。称取0.670 5 g草酸钠（优级纯，预先于120℃烘干2 h）溶于水，移入100 mL容量瓶中，定容，混匀。置于4℃保存。
7. 草酸钠标准溶液：$c(1/2Na_2C_2O_4)=0.010\,0$ mol/L。移取10.00 mL草酸钠标准贮备液于100 mL容量瓶中，定容，混匀。

四、实验步骤

1. 水样采集和保存

水样采集不少于500 mL，采样后要加入硫酸溶液（1+3），使样品 pH＝1～2，保存在洁净的玻璃瓶中并尽快分析。若保存时间超过6 h，则需置于暗处，0～5℃保存，不得超过2 d。

2. 水样测定

（1）取100.0 mL混匀水样（原样或经稀释样）于250 mL锥形瓶，加入5 mL硫酸溶液（1+3），混匀。

（2）加入10.00 mL高锰酸钾标准使用液，混匀，放入沸水浴中加热30 min（水浴沸腾，开始计时），沸水浴的水面要高于锥形瓶内的液面。

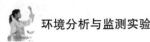

（3）水样滴定：取出锥形瓶，加入 10.00 mL 草酸钠标准溶液（0.010 0 mol/L），混匀，溶液变为无色。趁热用高锰酸钾标准使用液滴定至刚出现粉红色，并保持 30 s 不褪。记录消耗的高锰酸钾标准使用液体积 V_1。

（4）空白试验：用 100 mL 水代替水样，按上述步骤操作，记录回滴的高锰酸钾标准使用液体积 V_0。

（5）标定试验：空白试验（4）滴定后的溶液中加入 10.00 mL 草酸钠标准溶液（0.010 0 mol/L），将溶液加热至 80℃。用高锰酸钾标准使用液继续滴定至刚出现粉红色，并保持 30 s 不褪，记录消耗的高锰酸钾标准使用液体积 V_2。

样品测定实验数据记录在表 2-4-1 中。

五、数据记录与处理

1. 实验数据记录

表 2-4-1 样品高锰酸盐指数测定数据记录表

样 品 名 称	空白试样	水样 1	水样 2	水样 3
待测水样体积/mL				
滴定时消耗高锰酸钾标准使用液体积/mL				
标定时消耗高锰酸钾标准使用液体积/mL				
高锰酸盐指数 I_{Mn}/(mg/L)				

2. 计算

（1）水样不经稀释时，其高锰酸盐指数按式（2-4-1）计算：

$$I_{Mn} = \frac{\left[(10+V_1)\dfrac{10}{V_2}-10\right]\times c \times 8 \times 1\,000}{V}$$

$$(2-4-1)$$

式中 I_{Mn}——样品的高锰酸盐指数，mg/L；

V——待测水样体积，mL；

V_1——水样滴定时，消耗高锰酸钾标准使用液体积，mL；

V_2——标定试验时，消耗高锰酸钾标准使用液体积，mL；

c——草酸钠标准溶液浓度，mol/L；

8——氧（1/4 O_2）的摩尔质量，g/mol。

（2）水样经稀释时，其高锰酸盐指数按式（2-4-2）计算：

$$I_{Mn} = \frac{\left\{\left[(10+V_1)\dfrac{10}{V_2}-10\right]-\left[(10+V_0)\dfrac{10}{V_2}-10\right]\times f\right\}\times c \times 8 \times 1\,000}{V}$$

$$(2-4-2)$$

式中 V_0——空白试验中，消耗高锰酸钾标准使用液体积，mL；

f——稀释后的水样中含稀释水的比例（例如 10.00 mL 水样，加 90 mL 水稀释到 100 mL，则 $f=\dfrac{100-10}{100}=0.9$）。

六、注意事项

1. 实验中如使用新的玻璃器皿,必须用酸性高锰酸钾溶液清洗干净。

2. 样品量以加热氧化后高锰酸钾标准使用液的残留量为加入量的 1/2～1/3 为宜。加热时,如果溶液粉红色褪去,说明高锰酸钾量不够,须重新取样,经稀释后测定。

3. 滴定时温度如果低于 60℃,反应速度缓慢,应加热至 80℃ 左右再滴定。

4. 当水样中氯离子浓度高于 300 mg/L 时,采取在碱性介质中,用高锰酸钾氧化样品中的某些有机物及无机可氧化物质的方式。分析步骤如下:

取 100.0 mL 混匀水样(原样或稀释样)于 250 mL 锥形瓶,加入 0.5 mL 氢氧化钠溶液,混匀。加入 10.00 mL 高锰酸钾标准使用液,摇匀,放入沸水浴中加热 30 min(水浴沸腾,开始计时),沸水浴的水面要高于锥形瓶内的液面。取出后,加入 10.00 mL 硫酸溶液(1+3),摇匀,以下步骤同实验步骤中的 2 条 3 项。

七、思考与讨论

1. 在描述有机物含量时,高锰酸盐指数和 COD_{cr} 有什么区别?

2. 配制高锰酸钾溶液时,为什么要煮沸、放置溶液并倾倒出清液?

3. 用化学反应方程式来描述高锰酸盐指数的测定原理,并推导 I_{Mn} 的计算公式。

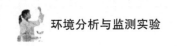

实验 5　水中游离氯和总氯的测定

一、实验目的

1. 掌握游离氯和总氯的概念。

2. 掌握 N,N -二乙基- 1,4 -苯二胺滴定法测定游离氯和总氯的原理和操作。

二、实验原理

游离氯(free chlorine)是指以次氯酸、次氯酸盐离子和溶解的单质氯形式存在的氯。化合氯(combined chlorine)是指以氯胺和有机氯胺形式存在的氯。总氯(total chlorine)就是以"游离氯"或"化合氯",或两者共存形式存在的氯。

游离氯的测定是在 pH 为 6.2～6.5 条件下,游离氯与 N,N -二乙基- 1,4 -苯二胺(DPD)反应生成红色化合物,用硫酸亚铁铵溶液滴定至红色消失。

总氯的测定是在 pH 为 6.2～6.5 条件下,存在过量碘化钾时,单质氯、次氯酸、次氯酸盐和氯胺与 DPD 反应生成红色化合物,用硫酸亚铁铵标准溶液滴定至红色消失。

三、实验试剂

1. 氢氧化钠溶液:$c(NaOH)=2.0\ mol/L$。称取 80.0 g 氢氧化钠,溶解于 500 mL 水中,待溶液冷却后移入 1 000 mL 容量瓶,定容,混匀。

2. 次氯酸钠溶液:$\rho(Cl_2)\approx0.1\ g/L$。由次氯酸钠浓溶液(商品名,安替福民)稀释而成。

3. 重铬酸钾标准溶液:$c(1/6K_2Cr_2O_7)=100.0\ mmol/L$。准确称取 4.904 g 重铬酸钾(基准试剂,预先于 120℃烘干至恒重),溶于水,移入 1 000 mL 容量瓶,定容,混匀。

4. 二苯胺磺酸钡指示液:$\rho[(C_6H_5—NH—C_6H_4—SO_3)_2Ba]=3.0\ g/L$。称取 0.30 g 二苯胺磺酸钡溶解于水,移入 100 mL 容量瓶,定容,混匀。

5. 硫酸亚铁铵贮备液:$c[(NH_4)_2Fe(SO_4)_2\cdot6H_2O]\approx56\ mmol/L$。称取 22.0 g 六水合硫酸亚铁铵,溶解于含 5.0 mL 浓硫酸的水中,移入 1 000 mL 棕色容量瓶,定容,混匀,临用前标定。

标定方法:于 250 mL 锥形瓶中依次加入 50.0 mL 硫酸亚铁铵贮备液、5.0 mL 正磷酸和 4 滴二苯胺磺酸钡指示液。用重铬酸钾标准溶液滴定到出现墨绿色,溶液颜色保持不变时为终点。记录消耗的硫酸亚铁铵溶液的体积,标定时做 3 个平行样。按式(2-5-1)计算硫酸亚铁铵的浓度,取平均值。

硫酸亚铁铵贮备液的浓度 c_1,按式(2-5-1)计算:

$$c_1=\frac{c_2V_2}{V_1}\qquad\qquad(2-5-1)$$

式中　c_1——硫酸亚铁铵贮备液的浓度,mmol/L;

$\quad\quad c_2$——重铬酸钾标准溶液的浓度,mmol/L;

$\quad\quad V_1$——硫酸亚铁铵贮备液的体积,mL;

$\quad\quad V_2$——滴定消耗重铬酸钾标准溶液的体积,mL;

6. 硫酸亚铁铵标准溶液:$c[(NH_4)_2Fe(SO_4)_2\cdot6H_2O]\approx2.8\ mmol/L$。取 50.0 mL 硫酸亚铁铵贮备液于 1 000 mL 容量瓶中,定容,混匀,存放于棕色试剂瓶中,临用前配制。

7. 磷酸盐缓冲溶液：pH＝6.5。称取 24.0 g 无水磷酸氢二钠(Na_2HPO_4)或 60.5 g 十二水合磷酸氢二钠($Na_2HPO_4 \cdot 12H_2O$)，以及 46.0 g 磷酸二氢钾(KH_2PO_4)，依次溶于水中，加入 100 mL 浓度为 8.0 g/L 的二水合 EDTA 二钠($C_{10}H_{14}N_2O_8Na_2 \cdot 2H_2O$)溶液或 0.8 g EDTA 二钠固体，移入 1 000 mL 容量瓶，定容，混匀。必要时，可加入 0.020 g 氯化汞，以防霉菌繁殖及试剂内痕量碘化物对游离氯测定的干扰。

8. DPD 硫酸盐溶液：$\rho[NH_2-C_6H_4-N(C_2H_5)_2 \cdot H_2SO_4]=1.1$ g/L。将 2.0 mL 浓硫酸和 25 mL 浓度为 8.0 g/L 的二水合 EDTA 二钠溶液或 0.2 g EDTA 二钠固体，加入 250 mL 水中配制成混合溶液。将 1.1 g 无水 DPD 硫酸盐或 1.5 g 五水合物，加入上述混合溶液中，移入 1 000 mL 棕色容量瓶，定容，混匀，4℃保存。若溶液长时间放置后变色，应重新配制。

9. 硫代乙酰胺溶液：$\rho(CH_3CSNH_2)=2.5$ g/L。称取 0.25 g 硫代乙酰胺，溶于 100 mL 水中。

四、实验步骤

1. 水样采集和保存

游离氯和总氯不稳定，水样应尽量现场测定。若不能现场测定，则需对水样加入固定剂保存。预先加入采样体积 1% 的氢氧化钠溶液至棕色玻璃瓶中(确保水样 pH＞12)，采集水样使其充满采样瓶后，立即加盖塞紧并密封。

水样用冷藏箱运送，在实验室内 4℃、避光条件下保存，5 d 内测定。

2. 游离氯测定

在 250 mL 锥形瓶中，依次加入 15.0 mL 磷酸盐缓冲溶液、5.0 mL DPD 硫酸盐溶液和 100 mL 待测水样，混匀。立即用硫酸亚铁铵标准溶液进行滴定，滴定至无色即为终点，记录滴定消耗溶液的体积 V_3。

3. 总氯测定

在 250 mL 锥形瓶中，依次加入 15.0 mL 磷酸盐缓冲溶液、5.0 mL DPD 硫酸盐溶液和 100 mL 待测水样，加入 1 g 碘化钾，混匀。2 min 后，用硫酸亚铁铵标准溶液进行滴定，滴定至无色即为终点。如在 2 min 内观察到粉红色再现，则应继续滴定至无色作为终点，记录滴定消耗溶液的体积 V_4。

4. 含氧化锰和六价铬的待测水样的干扰消除

取 100 mL 水样于 250 mL 锥形瓶中，加入 1.0 mL 硫代乙酰胺溶液，混匀。再加入 15.0 mL 磷酸盐缓冲液和 5.0 mL DPD 硫酸盐溶液，立即用硫酸亚铁铵标准溶液进行滴定，溶液由粉红色滴定至无色为终点，测定氧化锰的干扰。若有六价铬存在，30 min 后，溶液颜色变成粉红色，继续滴定六价铬的干扰，使溶液由粉红色滴至无色为终点。记录滴定消耗溶液的体积 V_5，相当于氧化锰和六价铬的干扰。

游离氯和总氯实验测定数据记录在表 2-5-1 中。

五、数据记录与处理

1. 游离氯和总氯测定实验记录

表 2-5-1　游离氯和总氯测定实验记录表

样　品　名　称	水样 1	水样 2	水样 3
硫酸亚铁铵标准溶液的浓度 c_3/(mmol/L)			
水样的体积 V_0/mL			

样 品 名 称	水样 1	水样 2	水样 3
游离氯滴定消耗溶液的体积 V_3/mL			
总氯滴定消耗溶液的体积 V_4/mL			
校正氧化锰和六价铬消耗溶液的体积 V_5/mL			
游离氯的含量/(mg/L)			
总氯的含量/(mg/L)			

2. 计算

(1) 水样中游离氯的含量(以 Cl 计),按式(2-5-2)计算:

$$\rho(游离氯) = \frac{c_3(V_3 - V_5)}{V_0} \times 35.45 \tag{2-5-2}$$

式中　ρ(游离氯)——水样中游离氯的含量,mg/L;

　　　　c_3——硫酸亚铁铵标准溶液的浓度,mmol/L;

　　　　V_0——实际水样体积,mL;

　　　　V_3——游离氯测定时消耗硫酸亚铁铵标准溶液的体积,mL;

　　　　V_5——校正氧化锰和六价铬干扰时消耗硫酸亚铁铵标准溶液的体积,mL。若不存在氧化锰和六价铬,$V_5 = 0$ mL;

　　　　35.45——氯($1/2Cl_2$)的摩尔质量,g/mol。

(2) 水样中总氯的含量(以 Cl 计),按式(2-5-3)计算:

$$\rho(总氯) = \frac{c_3(V_4 - V_5)}{V_0} \times 35.45 \tag{2-5-3}$$

式中　ρ(总氯)——水样中总氯的含量,mg/L;

　　　　V_4——总氯测定时消耗硫酸亚铁铵标准溶液的体积,mL。

六、注意事项

1. 测定游离氯和总氯的玻璃器皿应分开使用,以防止交叉污染。

2. 当水样在现场测定时,若水样过酸、过碱或盐度较高,则应增加磷酸盐缓冲溶液的加入量,确保试样 pH 为 6.2～6.5。

七、思考与讨论

1. 请说明游离氯和总氯对环境的危害。

2. 由于游离氯和总氯不稳定,请详细说明水样在采集、运输和保存过程中的具体要求。

实验 6 水中溶解氧的测定

方法一 碘量法测定水中溶解氧

一、实验目的

1. 掌握碘量法测定水中溶解氧的原理和方法。
2. 掌握水样中氧的固定方法,并为水质指标 BOD_5 的测定打下基础。

二、实验原理

溶解于水中的分子态氧称为溶解氧(DO)。水中溶解氧的质量浓度与大气压力、水温及含盐量等因素有关。大气压力下降、水温升高、含盐量增加,都会导致溶解氧质量浓度降低。

清洁地表水溶解氧接近饱和。当有大量藻类繁殖时,溶解氧可能过饱和;当水体受有机物质、无机物质污染时,溶解氧含量会降低,甚至趋于零,此时厌氧菌繁殖活跃,水质恶化。因此,水体中溶解氧的变化情况,在一定程度上反映了水体受污染的程度。

碘量法测定溶解氧的原理为:将氢氧化钠或氢氧化钾加入硫酸锰溶液中,得到氢氧化锰沉淀。水中的溶解氧将氢氧化锰中的二价锰氧化为四价锰,生成棕色的高价锰化合物。酸化后,生成的高价锰化合物将碘化物氧化游离出等物质量的碘。再以淀粉为指示剂,用硫代硫酸钠标准溶液滴定法,测定游离碘的量,由此计算出水样中溶解氧的含量。

$$MnSO_4 + 2NaOH \longrightarrow Mn(OH)_2 \downarrow (白色) + Na_2SO_4$$

$$2Mn(OH)_2 + O_2 \longrightarrow 2MnO(OH)_2 \downarrow (棕色)$$

$$MnO(OH)_2 + 2H_2SO_4 \longrightarrow Mn(SO_4)_2 + 3H_2O$$

$$Mn(SO_4)_2 + 2KI \longrightarrow MnSO_4 + I_2 + K_2SO_4$$

$$I_2 + 2Na_2S_2O_3 \longrightarrow 2NaI + Na_2S_4O_6$$

三、仪器与试剂

1. 溶解氧瓶:250~300 mL。
2. 锥形瓶:250 mL。
3. 酸式滴定管:50 mL。
4. 刻度吸管:1 mL 和 2 mL。
5. 硫酸溶液:1+5(V/V)。
6. 硫酸锰溶液:$\rho(MnSO_4)=325$ g/L。称取 480 g 四水合硫酸锰(或 364 g 一水合硫酸锰)溶于水中,稀释至 1 000 mL。此溶液在酸性时,加入碘化钾后,不得析出黄色游离碘(此溶液中不得含有高价锰)。
7. 碱性碘化钾溶液:$\rho(KI)=150$ g/L。称取 500 g 氢氧化钠(分析纯)溶解于 300~400 mL 水中,另称取 150 g 碘化钾溶于 200 mL 水中,待氢氧化钠溶解冷却后,将两种溶液合并,用水稀释至 1 000 mL,混匀。若有沉淀,则放置过夜后倾出上清液,避光贮存在细口棕色瓶中。此溶液酸化后,加淀粉应不显蓝色。

8. 淀粉溶液:$\rho = 10$ g/L。称 1 g 可溶性淀粉,用少量水调成糊状,用刚煮沸的水稀释至 100 mL,冷却后加入 0.1 g 水杨酸或 0.4 g 氯化锌防腐。

9. 硫代硫酸钠溶液:c(Na$_2$S$_2$O$_3$)≈ 0.1 mol/L。称取 26 g 五水合硫代硫酸钠 (Na$_2$S$_2$O$_3 \cdot$ 5H$_2$O),加 0.2 g 无水碳酸钠,溶于 1 000 mL 水中,缓缓煮沸 10 min,冷却。放置 2 周后用 4 号玻璃滤埚过滤。使用前标定。

标定方法:称取 0.18 g 重铬酸钾[基准级,预先于(120±2)℃干燥至恒重]置于碘量瓶中,溶于 25 mL 水,加 2 g 碘化钾及 20 mL 硫酸溶液(1+5),混匀,于暗处放置 10 min。加 150 mL 水,用待标定的硫代硫酸钠溶液滴定,近终点时加 2 mL 淀粉溶液,继续滴定至溶液由蓝色变为亮绿色,记录消耗硫代硫酸钠溶液的体积,滴定 3 次平行样,同时做空白试验。

硫代硫酸钠溶液的浓度,按式(2-6-1)计算:

$$c(\text{Na}_2\text{S}_2\text{O}_3) = \frac{m \times 1\,000}{49.03 \times (V_1 - V_2)} \qquad (2-6-1)$$

式中　c——硫代硫酸钠溶液的浓度,mol/L;

　　　m——重铬酸钾的质量,g;

　　　V_1——标定时消耗硫代硫酸钠溶液的体积,mL;

　　　V_2——空白试验消耗硫代硫酸钠溶液的体积,mL;

　　　49.03——重铬酸钾(1/6K$_2$Cr$_2$O$_7$)的摩尔质量,g/mol。

10. 硫代硫酸钠使用液:c(Na$_2$S$_2$O$_3$)$= 0.01$ mol/L。将 0.1 mol/L 硫代硫酸钠溶液稀释 10 倍,临用前配制。

四、实验步骤

1. 水样采集

采集水样时,要注意不使水样曝气或有气泡残存在采样瓶内,可用水样冲洗溶解氧瓶后,沿瓶壁直接倾注水样或用虹吸法将细管插入溶解氧瓶底部,注入水样至溢流出瓶容积的 1/3～1/2。水样采集后,为防止溶解氧质量浓度的变化,应立即加固定剂于水样中,并存于冷暗处,同时记录水温和压力。

2. 溶解氧固定

用刻度吸管插入溶解氧瓶的液面下,分别加入 1.0 mL 硫酸锰溶液和 2.0 mL 碱性碘化钾溶液,盖上瓶塞(注意瓶内不能留有气泡),然后将溶解氧瓶颠倒混合数次,静置,待棕色沉淀物降至瓶内液面高度的一半时,再颠倒混合数次。如此操作重复 3 次,待棕色沉淀物降至瓶底。一般在取样现场固定。

3. 析出碘

轻轻打开瓶塞,立刻用刻度吸管插入液面下加入 2.0 mL 浓硫酸。小心盖好瓶塞,颠倒混合至沉淀物全部溶解为止(若溶解不完全,可再加入少量浓硫酸),暗处放置 5 min。

4. 滴定

从溶解氧瓶中吸取 100.0 mL 上述溶液于 250 mL 锥形瓶中,用硫代硫酸钠溶液滴定至溶液呈淡黄色,加入 1 mL 淀粉溶液,继续滴定至蓝色刚好褪去为止,记录硫代硫酸钠溶液用量,滴定 2 次平行样,计算溶解氧的平均值,实验测定数据记录在表 2-6-1 中。

五、数据记录与处理

1. 水样测定实验记录

表 2 - 6 - 1　水样品测定数据记录表

样　品　名　称	水样 1	水样 2	水样 3
消耗 $Na_2S_2O_3$ 体积 V/mL			
溶解氧的质量浓度 ρ(DO)/(mg/L)			
溶解氧的质量浓度平均值 ρ(DO$_{平均}$)/(mg/L)			

2. 计算

水中溶解氧的质量浓度,按式(2-6-2)计算:

$$\rho(DO) = \frac{c \times V \times 8 \times 1\,000}{100} \qquad (2-6-2)$$

式中　ρ(DO)——水样溶解氧的质量浓度,mg/L;

　　　c——硫代硫酸钠溶液的浓度,mol/L;

　　　V——水样测定时消耗硫代硫酸钠溶液的体积,mL;

　　　8——氧(1/2O)的摩尔质量,g/mol;

　　　100——滴定时取水样溶液的体积,mL。

六、注意事项

1. 若水样呈强酸性或强碱性,可用氢氧化钠或硫酸溶液调至中性后测定。

2. 溶解氧瓶内必须充满水样,不留空气泡,否则空气中的氧也会氧化 $Mn(OH)_2$,使分析结果偏高。

3. 一般需要在现场立刻加入 $MnSO_4$ 和碱性碘化钾溶液以固定溶解氧,然后带回实验室测定,固定的溶解氧需要在 4 h 内分析完成。

4. 当水样中游离氯(余氯)质量浓度大于 0.1 mg/L 时,应预先加硫代硫酸钠以去除。可先用两个溶解氧瓶,各取一瓶水样,在其中一瓶中加入 5 mL 3 mol/L 硫酸和 1 g 碘化钾,混匀,此时游离出碘,用硫代硫酸钠标准溶液以 1‰ 淀粉作指示剂滴定,记下用量;然后在另一瓶水样中,加入上述测得的硫代硫酸钠标准溶液,混匀,按前述步骤测定。

5. 当水中亚硝酸氮质量浓度大于 0.1 mg/L 时,由于亚硝酸盐与碘化钾作用能析出游离碘,而反应中产生的 NO 在滴定时受空气氧化而生成二氧化氮,二氧化氮与水反应生成亚硝酸。

$$2NO_2^- + 4H^+ + 2I^- \longrightarrow 2NO + I_2 + 2H_2O$$

$$2NO + O_2 \longrightarrow 2NO_2$$

$$2NO_2 + H_2O \longrightarrow HNO_2 + HNO_3$$

亚硝酸又从碘化钾中析出碘,使分析结果偏高。为了修正此误差,可在水样中加入含有叠氮化钠的碱性碘化钾溶液(1 000 mL 碱性碘化钾溶液中含 10 g 叠氮化钠)。此方法称为叠氮化钠修正法,其反应如下:

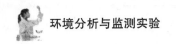

$$2NaN_3 + H_2SO_4 \longrightarrow 2HN_3 + Na_2SO_4$$

$$4HN_3 + 2HNO_3 \longrightarrow 3H_2O + 4N_2 + 3N_2O$$

6. 当 Fe^{2+} 含量较高时,测得溶解氧偏低,因此,在水样中加入数滴 0.03% 的 $KMnO_4$ 溶液至不褪色,然后用移液管于液面下加入 0.5 mL 2% 草酸钾溶液,颠倒混合数次至紫红色在 2~10 min 内褪色,如不褪色再加入草酸钾,此方法称为高锰酸钾修正法。

7. 当 Fe^{3+} 质量浓度大于 1 mg/L 时,溶液酸化后 Fe^{3+} 将与 KI 作用而析出碘,使分析结果偏高。

$$2Fe^{3+} + 2I^- \longrightarrow 2Fe^{2+} + I_2$$

也可在水样采集后,将移液管插入液面下加入 1 mL 40% 氟化钾溶液,使 Fe^{3+} 形成 FeF_6^{3-} 络离子以消除干扰。

8. 表 2-6-2 为 1 个大气压下,水中溶解氧质量浓度与温度和大气压的关系。

表 2-6-2　不同温度时水中溶解氧的质量浓度(1 个大气压下)

温度/℃	溶解氧质量浓度/(mg/L)	温度/℃	溶解氧质量浓度/(mg/L)	温度/℃	溶解氧质量浓度/(mg/L)
0	14.62	14	10.31	28	7.83
1	14.22	15	10.08	29	7.69
2	13.83	16	9.87	30	7.56
3	13.46	17	9.66	31	7.43
4	13.11	18	9.47	32	7.30
5	12.77	19	9.28	33	7.18
6	12.45	20	9.09	34	7.07
7	12.14	21	8.91	35	6.95
8	11.84	22	8.74	36	6.84
9	11.56	23	8.58	37	6.73
10	11.29	24	8.42	38	6.63
11	11.03	25	8.26	39	6.53
12	10.78	26	8.11	40	6.43
13	10.54	27	7.97		

七、思考与讨论

1. 碘量法测定水中溶解氧时,加入硫酸锰和碱性碘化钾溶液后发现白色沉淀,请问是什么原因造成的?

2. 为什么碘量法测定水中溶解氧必须在中性或弱酸性溶液中进行?

3. 加入硫酸锰溶液、碱性碘化钾溶液和浓硫酸溶液时,为什么刻度吸管必须插入液面以下?

4. 测定水中溶解氧时的干扰物质有哪些?如何消除干扰?

方法二　电化学探头法测定水中溶解氧

一、实验目的

掌握电化学探头法测定水中溶解氧的原理和方法。

二、实验原理

溶解氧电化学探头是一个用选择性薄膜封闭的小室,室内有两个金属电极并充有电解质。氧和一定数量的其他气体及亲液物质可透过这层薄膜,但水和可溶性物质的离子几乎不能透过这层膜。将探头浸入水中进行溶解氧的测定时,由于电池作用或外加电压在两个电极间产生电位差,使金属离子在阳极进入溶液,同时氧气通过薄膜扩散在阴极获得电子被还原,产生的电流与穿过薄膜和电介质层的氧的传递速度成正比,即在一定温度下该电流与水中氧的分压(或浓度)成正比。

三、仪器与试剂

1. 溶解氧测量仪

(1)测量探头:内置溶解氧传感器和温度传感器,以及用于样本搅拌、带 AC 电源的电机。

(2)仪表:直接显示溶解氧的质量浓度或饱和百分率。

2. 带水封的溶解氧瓶:250～300 mL。

3. 实验室常用玻璃仪器。

4. 纯水(新制备的去离子水或蒸馏水)

四、实验步骤

1. 一键校准

将探头放到盛有少量纯水的溶解氧瓶中,溶解氧传感器和温度传感器不应浸没在水中。如果没有校准/储存套,可以用一个相对湿度100%的、和外部大气保持空气流通的(不是完全封闭的)容器代替。打开仪器并等待5～15 min,以保证校准/储存套或容器完全饱和并使传感器稳定,按下校准键并保持3 s,在校准完成后会显示 Calibration Successful 几秒,表示校准成功,然后会返回运行菜单。

2. 样品测定

在进行测量前,确认仪器已经过校准以确保得到最精确的示数。将水样充满溶解氧瓶中,使水样少量溢出。为防止水样中的溶解氧质量浓度改变,须将瓶中存在的气泡靠瓶壁排出。将探头浸入水样,打开样本搅拌开关,确保没有空气泡截留在膜上,停留足够的时间,待探头温度与水温达到平衡且数字显示稳定时读数。

五、注意事项

1. 在膜盖中注入电解液时,大约加至膜盖的3/4处,轻轻敲击膜盖以释放任何封闭在其中的气泡。将膜盖旋到传感器上,适当旋紧。通常会有一些电解液溢洒出来,在进行校准之前最好将新的膜盖安装到传感器上并保持一整夜。

2. 任何时候都不能用手触摸膜的活性表面。

3. 当将探头浸入样品中时,应确保没有空气泡截留在膜上。

4. 水中存在的一些气体,如氯、二氧化硫、硫化氢、胺、氨、二氧化碳、溴蒸气和碘蒸气等,可通过膜扩散影响被测电流而干扰测定;水样中的其他物质,如溶剂、油类、硫化物、碳酸盐和藻类等可能堵塞薄膜、引起薄膜损坏和电极腐蚀,影响被测电流而干扰测定。

六、思考与讨论

1. 简述电化学探头法测定水中溶解氧的原理。

2. 电化学探头法测定水中溶解氧的过程中,搅拌强度对测定结果是否有影响?

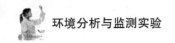

实验 7　水中生化需氧量的测定

一、实验目的

1. 掌握稀释与接种法测定 BOD_5 的基本原理和操作技能。

2. 掌握测定 BOD_5 时水样的预处理方法。

二、实验原理

生化需氧量(BOD)是指在规定的条件下,微生物分解水中的某些可氧化的物质,特别是分解有机物的生物化学过程消耗的溶解氧。生物分解有机物是一个缓慢的过程,如在 20 ℃ 培养时,要把可分解的有机物全部分解常常需要 100 多天。目前国内外普遍采用 (20 ± 1) ℃ 培养 5 d,即水样在充满完全密闭的溶解氧瓶中,在 (20 ± 1) ℃ 的暗处培养 5 d±4 h,分别测定培养前后水样中溶解氧的质量浓度,由培养前后溶解氧的质量浓度之差,计算每升水样消耗的溶解氧量,即为五日生化需氧量(BOD_5),以氧的质量浓度(mg/L)表示。

在实际测定时,若水样中的有机物含量较多,BOD_5 大于 6 mg/L,则水样需适当稀释后测定;对不含或含微生物少的工业废水,如酸性废水、碱性废水、高温废水、冷冻保存的废水或经过氯化处理等的废水,在测定 BOD_5 时应进行接种,以引入能分解废水中有机物的微生物。当废水中存在难以被一般生活污泥中的微生物以正常速度降解的有机物,或废水中存在剧毒物质时,应将驯化后的微生物引入水样中进行接种。

三、仪器与试剂

1. 恒温培养箱:(20 ± 1) ℃。

2. 溶解氧瓶:带水封装置,250～300 mL。

3. 稀释容器:1 000 mL 量筒。

4. 特制搅拌器:塑料棒底端焊接上大小能与量筒相匹配的塑料圆片。

5. 溶解氧测定仪。

6. 曝气装置:多通道空气泵或其他曝气装置。

7. 虹吸管:用于分取水样和添加稀释水。

8. 氯化钙溶液:$\rho(CaCl_2)=27.6$ g/L。称取 27.6 g 无水氯化钙($CaCl_2$)溶于水中,稀释至 1 000 mL。此溶液在 0～4 ℃ 可稳定保存 6 个月,若发现任何沉淀或微生物生长应弃去。

9. 硫酸镁溶液:$\rho(MgSO_4)=11.0$ g/L。称取 22.5 g 七水合硫酸镁($MgSO_4 \cdot 7H_2O$)溶于水中,稀释至 1 000 mL。此溶液在 0～4 ℃ 可稳定保存 6 个月,若发现任何沉淀或微生物生长应弃去。

10. 氯化铁溶液:$\rho(FeCl_3)=0.15$ g/L。称取 0.25 g 六水合氯化铁($FeCl_3 \cdot 6H_2O$)溶于水中,稀释至 1 000 mL。此溶液在 0～4 ℃ 可稳定保存 6 个月,若发现任何沉淀或微生物生长应弃去。

11. 磷酸盐缓冲溶液:称取 8.5 g 磷酸二氢钾(KH_2PO_4)、21.8 g 磷酸氢二钾(K_2HPO_4)、33.4 g 七水合磷酸氢二钠($Na_2HPO_4 \cdot 7H_2O$)和 1.7 g 氯化铵(NH_4Cl)溶于水中,稀释至 1 000 mL。此时溶液的 pH 应为 7.2,在 0～4 ℃ 可稳定保存 6 个月。

12. 盐酸溶液：$c(HCl)=0.5\ mol/L$。将 4 mL 浓盐酸溶于水中,稀释至 100 mL。

13. 氢氧化钠溶液：$c(NaOH)=0.5\ mol/L$。称取 20 g 氢氧化钠溶于水中,稀释至 1 000 mL。

14. 亚硫酸钠标准溶液：$c(1/2Na_2SO_3)=0.025\ mol/L$。称取 1.575 g 亚硫酸钠溶于水,移入 1 000 mL 容量瓶中,定容,混匀。此溶液不稳定,需临用前配制。

15. 乙酸溶液：$1+1(V/V)$。

16. 碘化钾溶液：$\rho(KI)=100\ g/L$。称取 10 g 碘化钾溶于水中,稀释至 100 mL。

17. 淀粉溶液：$\rho(淀粉)=5\ g/L$。称取 0.50 g 淀粉溶于水中,稀释至 100 mL。

18. 葡萄糖-谷氨酸标准溶液：预先将葡萄糖($C_6H_{12}O_6$,优级纯)和谷氨酸($HOOC-CH_2-CH_2-CHNH_2-COOH$,优级纯)在 130℃ 干燥 1 h,各称取 150 mg 溶于水,稀释至 1 000 mL。此溶液的 BOD_5 为 180～230 mg/L,临用前配制。该溶液也可少量冷冻保存,融化后立刻使用。

19. 稀释水：在 5～20 L 的玻璃瓶中加入一定量的水,控制水温在(20 ± 1)℃,用曝气装置至少曝气 1 h,使稀释水中的溶解氧达到 8 mg/L 以上。使用前每升水中加入四种盐溶液(氯化钙溶液、硫酸镁溶液、氯化铁溶液、磷酸盐缓冲溶液)各 1.0 mL,混匀,20℃ 保存。在曝气过程中防止污染,特别是防止带入有机物、金属、氧化物或还原物。稀释水中氧的质量浓度不能过饱和,使用前需开口放置 1 h,且应在 24 h 内使用。剩余的稀释水应弃去。

20. 接种液：可购买接种微生物用的接种物质,接种液的配制和使用按说明书的要求操作。也可按以下方法获得接种液。

(1) 未受工业废水污染的生活污水：化学需氧量不大于 300 mg/L,总有机碳不大于 100 mg/L。

(2) 含有城镇污水的河水或湖水。

(3) 污水处理厂的出水。

(4) 含有难降解物质的工业废水：在其排污口下游适当处取水样作为废水的驯化接种液。也可取中和或适当稀释后的废水进行连续曝气,每天加入少量该种废水,同时加入少量生活污水,使适应该种废水的微生物大量繁殖。当水中出现大量的絮状物时,表明微生物已繁殖,可用作接种液。一般驯化过程需 3～8 d。

四、实验步骤

1. 水样采集和保存

采集的水样应充满并密封于棕色玻璃瓶中,水样量不小于 1 000 mL。在 0～4℃ 的暗处运输和保存,并于 24 h 内尽快分析。24 h 内不能分析的,可冷冻保存(冷冻保存时应避免样品瓶破裂),冷冻水样分析前需解冻、均质化和接种。

2. 水样预处理

(1) pH 调节：若水样或稀释后水样 pH 不在 6～8 范围内,应用 0.5 mol/L 氢氧化钠或 0.5 mol/L 盐酸溶液调节水样的 pH 至 6～8。

(2) 余氯和结合氯的去除：若水样中含有少量余氯,一般在采样后放置 1～2 h,游离氯即可消失。对在短时间内不能消失的余氯和结合氧,可加入适量亚硫酸钠去除。加入量的计算方法：取已中和好的水样 100 mL,加入乙酸溶液(1+1)10 mL、碘化钾溶液 1 mL,混匀。用亚硫酸钠标准溶液滴定析出的碘至淡黄色,加入 1 mL 淀粉溶液(指示剂),呈蓝色。再继续滴定至蓝色刚刚褪去,即为终点,根据亚硫酸钠标准溶液消耗的体积及其浓度,计算水样中所需加亚硫酸钠溶液的量。

（3）水样均质化：含有大量颗粒物、需要较大稀释倍数的水样或经冷冻保存的水样，测定前均需将水样搅拌均匀。

（4）若水样中有大量藻类存在，BOD_5 的测定结果会偏高。测定前应用孔径为 $1.6\ \mu m$ 的滤膜过滤，检测报告中注明滤膜滤孔的大小。

3. 接种稀释水配制

根据接种液的来源不同，每升稀释水中加入适量接种液：城市生活污水和污水处理厂出水加 $1\sim10\ mL$，河水或湖水 $10\sim100\ mL$，将接种稀释水存放在 $(20\pm1)\ ℃$ 的环境中，当天配制当天使用。接种的稀释水 pH 应为 7.2，BOD_5 应小于 $1.5\ mg/L$。

4. 稀释倍数确定

稀释程度应使培养水样中消耗的溶解氧质量浓度不小于 $2\ mg/L$，培养后水样中剩余溶解氧质量浓度不小于 $2\ mg/L$，且试样中剩余的溶解氧质量浓度为培养前浓度的 $1/3\sim2/3$ 为最佳。

稀释倍数可根据水样的总有机碳（TOC）、高锰酸盐指数（I_{Mn}）或化学需氧量（COD_{Cr}）的测定值，按照表 2-7-1 的比值 R（与水样类型有关）估计 BOD_5 的期望值，再根据表 2-7-2 确定稀释倍数。

表 2-7-1　典型的比值 R

水样类型	总有机碳 R (BOD_5/TOC)	高锰酸盐指数 R (BOD_5/I_{Mn})	化学需氧量 R (BOD_5/COD_{Cr})
未处理的废水	$1.2\sim2.8$	$1.2\sim1.5$	$0.35\sim0.65$
生化处理的废水	$0.3\sim1.0$	$0.5\sim1.2$	$0.20\sim0.35$

当不能准确地选择稀释倍数时，一个水样一般做 $2\sim3$ 个不同的稀释倍数。若稀释倍数超过 100，可进行两步或多步稀释。

表 2-7-2　BOD_5 测定的稀释倍数

BOD_5 的期望值/(mg/L)	稀释倍数	水样类型
$6\sim12$	2	河水、生物净化的城市污水
$10\sim30$	5	河水、生物净化的城市污水
$20\sim60$	10	生物净化的城市污水
$40\sim120$	20	澄清的城市污水或轻度污染的工业废水
$100\sim300$	50	轻度污染的工业废水或原城市污水
$200\sim600$	100	轻度污染的工业废水或原城市污水
$400\sim1\,200$	200	重度污染的工业废水或原城市污水
$1\,000\sim3\,000$	500	重度污染的工业废水
$2\,000\sim6\,000$	1\,000	重度污染的工业废水

5. 水样稀释

按照确定的稀释倍数计算出所需水样的体积，将水样用虹吸管加入 $1\,000\ mL$ 量筒中（已预先加入部分接种稀释水），加接种稀释水至刻度，用特制搅拌器在水面以下慢慢上下搅匀，轻轻混合避免残留气泡。

6. 水样测定

将配制好的培养液用虹吸法沿瓶壁慢慢倾入 1 个溶解氧瓶中,直至溶解氧瓶中充满水样后有少量溢出为止。

另取 1 个溶解氧瓶,慢慢倾入稀释接种水作为空白试样。

用电化学探头法测定培养前的各份水样和空白试样中溶解氧质量浓度(水样为 D_1,空白试样为 B_1)。测好后,盖上瓶盖,防止水样中残留气泡;加塞水封,在瓶盖外罩上密封罩,防止培养期间水封水蒸发干。将水样瓶和空白试样瓶放入(20 ± 1)℃恒温培养箱中培养 5 d$\pm$4 h。测定培养后水样和空白试样中溶解氧质量浓度(水样为 D_2,空白试样为 B_2)。

实验测定数据记录在表 2-7-3 中。

五、数据记录与处理

1. 实验数据记录

表 2-7-3 BOD$_5$ 测定数据记录表

水 样 名 称		空白试样	水样 1		水样 2	
稀释倍数		—				
溶解氧质量浓度/(mg/L)	培养前 D_1(或 B_1)					
	培养后 D_2(或 B_2)					
D_1-D_2(或 B_1-B_2)/(mg/L)						
BOD$_5$/(mg/L)		—				
平均 BOD$_5$/(mg/L)		—				

2. 计算

五日生化需氧量 BOD$_5$ 按式(2-7-1)或式(2-7-2)计算:

(1) 不经稀释直接培养的水样

$$BOD_5 = D_1 - D_2 \qquad (2-7-1)$$

式中 BOD$_5$——五日生化需氧量,mg/L;

D_1——水样在培养前的溶解氧质量浓度,mg/L;

D_2——水样在培养后的溶解氧质量浓度,mg/L。

(2) 经稀释后培养的水样

$$BOD_5 = \frac{(D_1 - D_2) - (B_1 - B_2)f_1}{f_2} \qquad (2-7-2)$$

式中 D_1——稀释(或接种稀释)水样在培养前的溶解氧质量浓度,mg/L;

D_2——稀释(或接种稀释)水样在培养后的溶解氧质量浓度,mg/L;

B_1——空白试样在培养前的溶解氧质量浓度,mg/L;

B_2——空白试样在培养后的溶解氧质量浓度,mg/L;

f_1——稀释(或接种稀释)水样在培养液中所占的比例;

f_2——原水样在培养液中所占的比例。

注:f_1、f_2 的计算,例如培养液的稀释倍数为 50 倍,则 $f_1=49/50$,$f_2=1/50$。

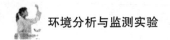
六、注意事项

1. 每批水样都要做空白试样,稀释法空白试样的测定结果不能大于 0.5 mg/L,稀释接种法空白试样的测定结果不能大于 1.5 mg/L。

2. 对稀释与接种法,如果有几个稀释倍数的结果均满足要求,那么取平均值。结果小于 100 mg/L,保留一位小数;结果为 100~1 000 mg/L,取整数位;结果大于 1 000 mg/以科学计数法计。结果报告中应注明:水样是否经过过滤、冷冻或均质化处理。

3. 所用试剂和稀释水如发现浑浊有细菌生长时,应弃去并重新配制。

4. 为检查稀释水和接种液的质量以及分析员的操作水平,可将 20 mL 葡萄糖-谷氨酸标准溶液用接种稀释水稀释至 1 000 mL,按测定 BOD_5 的步骤操作,测得的 BOD_5 应为 180~230 mg/L。否则应检查接种液、稀释水的质量或操作技术是否存在问题。

七、思考与讨论

1. 测定工业废水的 BOD_5 时,为何要进行稀释?

2. 对稀释水的配制有哪些要求?怎样制备合格的接种稀释水?

3. 如何确定水样合适的稀释倍数?有哪些方法?

实验 8　水中氨氮的测定

一、实验目的

1. 了解水中氨氮的测定意义。

2. 掌握用纳氏试剂分光光度法测定水中氨氮的方法和原理。

二、实验原理

氮是蛋白质、核酸、酶、维生素等有机物中的重要组分。纯净天然水体中的含氮物质是很少的,水体中含氮物质的主要来源是生活污水和某些工业废水。当含氮有机物进入水体后,由于微生物和氧的作用,可以逐步分解为无机氨(NH_3)、铵(NH_4^+),或氧化为亚硝酸盐(NO_2^-)、硝酸盐(NO_3^-)。

氨和铵中的氮称为氨氮(ammonia nitrogen,简称 NH_3-N)。水中氨氮的含量在一定程度上反映了含氮有机物的污染情况,在污水综合排放标准和地表水环境质量标准中,氨氮都是重要的监测指标。

以游离态的氨或铵离子等形式存在的氨氮与纳氏试剂反应生成淡红棕色配合物,该配合物的吸光度与氨氮含量成正比,在波长 420 nm 处测量吸光度,用校准曲线法定量。

$$2\,K_2[HgI_4]+3KOH+NH_3 \longrightarrow [Hg_2O \cdot NH_2]I+2\,H_2O+7KI$$

当水样体积为 50 mL,使用 20 mm 比色皿时,方法的检出限为 0.025 mg/L,测定下限为 0.10 mg/L,测定上限为 2.0 mg/L(均以 N 计)。

脂肪胺、芳香胺、醛类、丙酮、醇类和有机氯胺类等有机化合物,以及铁、锰、镁和硫等无机离子,因产生异色或浑浊而引起干扰,水样的颜色和浑浊程度也会影响比色,须经过预蒸馏法或絮凝沉淀法处理。

三、仪器与试剂

1. 分光光度计:具 20 mm 比色皿。

2. 氨氮蒸馏装置:由 500 mL 凯氏烧瓶、氮球、直形冷凝管和导管组成,冷凝管末端可连接一段适当长度的滴管,使出口尖端浸入吸收液面以下。亦可使用 500 mL 蒸馏烧瓶。

3. 比色管:50 mL。

4. 纳氏试剂:碘化汞-碘化钾-氢氧化钠($HgI_2-KI-NaOH$)溶液。称取 16.0 g 氢氧化钠(NaOH)溶于 50 mL 水中,冷却至室温。称取 7.0 g 碘化钾(KI)和 10.0 g 碘化汞(HgI_2)溶于水中,然后将此溶液在搅拌下缓慢加入上述 50 mL 氢氧化钠溶液中,用水稀释至 100 mL,贮于聚乙烯瓶内。用橡皮塞或聚乙烯盖子盖紧,于暗处存放,有效期 1 年。

5. 酒石酸钾钠溶液:$\rho(KNaC_4H_4O_6 \cdot 4H_2O)=500$ g/L。称取 50.0 g 酒石酸钾钠($KNaC_4H_4O_6 \cdot 4H_2O$)溶于 100 mL 水中,加热煮沸以驱除氨,充分冷却后稀释至 100 mL。

6. 硫代硫酸钠溶液:$\rho(Na_2S_2O_3)=3.5$ g/L。称取 3.5 g 硫代硫酸钠($Na_2S_2O_3$)溶于水中,稀释至 1 000 mL。

7. 硫酸锌溶液:$\rho(ZnSO_4 \cdot 7H_2O)=100$ g/L。称取 10.0 g 七水合硫酸锌($ZnSO_4 \cdot 7H_2O$)溶于水中,稀释至 100 mL。

8. 氢氧化钠溶液：$\rho(NaOH)=250$ g/L。称取 25 g 氢氧化钠溶于水中，稀释至 100 mL。

9. 氢氧化钠溶液：$c(NaOH)=1$ mol/L。称取 4 g 氢氧化钠溶于水中，稀释至 100 mL。

10. 盐酸溶液：$c(HCl)=1$ mol/L。量取 8.5 mL 盐酸[$\rho(HCl)=1.18$ g/mL]于适量水中，稀释至 100 mL。

11. 硼酸溶液：$\rho(H_3BO_3)=20$ g/L。称取 20 g 硼酸溶于水中，稀释至 1 000 mL。

12. 溴百里酚蓝指示剂：$\rho=0.5$ g/L。称取 0.05 g 溴百里酚蓝溶于 50 mL 水中，加入 10 mL 无水乙醇，用水稀释至 100 mL。

13. 淀粉-碘化钾试纸：称取 1.5 g 可溶性淀粉于烧杯中，用少量水调成糊状，加入 200 mL 沸水，搅拌混匀放冷。加 0.50 g 碘化钾(KI)和 0.50 g 碳酸钠(Na_2CO_3)，用水稀释至 250 mL。将滤纸条浸渍后，取出晾干，于棕色瓶中密封保存。

14. 氨氮标准贮备液：ρ(以 N 计)=1 000 mg/L。称取 3.819 0 g 氯化铵(NH_4Cl，优级纯，预先于 105℃干燥 2 h)溶于水中，移入 1 000 mL 容量瓶，定容，混匀。可在 2～5℃保存 1 个月。

15. 氨氮标准使用液：ρ(以 N 计)=10 mg/L。吸取 5.00 mL 氨氮标准贮备液于 500 mL 容量瓶中，定容，混匀。临用前配制。

四、实验步骤

1. 无氨水制备

(1)蒸馏法：在 1 000 mL 蒸馏水中加入 0.1 mL 硫酸，在全玻璃蒸馏器中重蒸馏，弃去前 50 mL 馏出液，然后将约 800 mL 馏出液收集在带有磨口玻璃塞的玻璃瓶内。每升馏出液加 10 g 强酸性阳离子交换树脂(氢型)。

(2)纯水器法：用市售纯水器临用前制备。

2. 样品预处理

根据样品性质可选择下述预处理方法之一。

(1)去除余氯：若样品中存在余氯，可加入适量的硫代硫酸钠溶液去除。每加 0.5 mL 可去除 0.25 mg 余氯。用淀粉-碘化钾试纸检验余氯是否除尽。

(2)絮凝沉淀：100 mL 样品中加入 1 mL 硫酸锌溶液和 0.1～0.2 mL 氢氧化钠溶液(250 g/L)，调节 pH 约为 10.5，混匀，静置使之沉淀，取上清液分析。必要时，用经水冲洗过的中速滤纸过滤，弃去初滤液 20 mL。也可对絮凝后样品离心处理。

(3)预蒸馏：将 50 mL 硼酸溶液移入接收瓶中，确保冷凝管出口在硼酸溶液液面之下。分取 250 mL 样品，移入烧瓶中，加几滴溴百里酚蓝指示剂，必要时，用氢氧化钠溶液(1 mol/L)或盐酸溶液调整 pH 至 6.0(指示剂呈黄色)～7.4(指示剂呈蓝色)，加入 0.25 g 轻质氧化镁及数粒玻璃珠，立即连接氮球和冷凝管。加热蒸馏，使馏出液速率约为 10 mL/min，待馏出液达 200 mL 时，停止蒸馏，加水定容至 250 mL。

3. 校准曲线绘制

在 8 支 50 mL 比色管中，分别加入 0.00 mL、0.50 mL、1.00 mL、2.00 mL、4.00 mL、6.00 mL、8.00 mL 和 10.00 mL 氨氮标准使用液，加水稀释至标线。加入 1.0 mL 酒石酸钾钠溶液，摇匀，再加入 1.0 mL 纳氏试剂，摇匀。放置 10 min 后，在波长 420 nm 处，用 20 mm 比色皿，以水为参比，测量吸光度。

以零浓度空白校正吸光度($A-A_0$)为纵坐标，以其对应的氨氮含量(μg)为横坐标，绘制校准曲线。将实验数据及校准曲线方程记录在表 2-8-1 中。

4. 水样测定

取适量经过预处理后的水样(使水样中氨氮质量不超过 100 μg),加入 50 mL 比色管中,稀释至刻度。按与校准曲线相同的方法步骤测量吸光度 A。

5. 空白试验

用水代替水样,按与水样相同的步骤进行预处理和测定,测得空白试验吸光度 A_b。

将水样测定和空白试验数据记录在表 2-8-2 中。

五、数据记录与处理

1. 绘制校准曲线实验记录

表 2-8-1　绘制校准曲线数据记录表

序　号	1	2	3	4	5	6	7	8
氨氮标准使用液体积/mL	0.00	0.50	1.00	2.00	4.00	6.00	8.00	10.00
氨氮含量/μg								
吸光度 A								
零浓度空白校正吸光度 $A-A_0$								
氨氮校准曲线方程及线性相关性系数 r								

2. 水样测定实验记录

表 2-8-2　水样中氨氮测定数据记录表

样　品　名　称	空白试样	水样 1	水样 2	水样 3
水样体积 V/mL				
吸光度 A				
校正吸光度 $A-A_b$				
水样中氨氮(以 N 计)质量浓度/(mg/L)				

3. 计算

水样中氨氮(以 N 计)的质量浓度,按式(2-8-1)计算:

$$\rho = \frac{A - A_b - a}{b \times V} \tag{2-8-1}$$

式中　ρ——水样中氨氮(以 N 计)的质量浓度,mg/L;

　　　A——水样的吸光度;

　　　A_b——空白试验的吸光度;

　　　b——校准曲线的斜率;

　　　a——校准曲线的截距;

　　　V——水样体积,mL。

六、注意事项

1. 水样中含有悬浮物、余氯、钙、镁等金属离子,以及硫化物和有机物时会产生干扰,须对水样做适当预处理,以消除对测定结果的影响。

2. 若水样中存在余氯,可加入适量的硫代硫酸钠溶液去除,用淀粉-碘化钾试纸检验余氯是否除尽。在显色时加入适量的酒石酸钾钠溶液,可消除钙、镁等金属离子的干扰。若水样浑浊或有颜色时,可用预蒸馏法或絮凝沉淀法处理。静置后生成的沉淀应除去。

3. 纳氏试剂中碘化汞与碘化钾的比例对显色反应的灵敏度有较大影响。

4. 纳氏试剂显色后的溶液颜色会随时间变化,应在较短时间内完成比色操作。

七、思考与讨论

1. 如何通过水中三种形态氮的测定来研究水体的自净作用?

2. 用纳氏试剂分光光度法测定水中氨氮时主要有哪些干扰,如何消除?

3. 若水样中氨氮含量很高,测定过程中需要稀释,如何确定稀释倍数?

4. 测定氨氮时,加入酒石酸钾钠溶液的目的是什么?

实验 9　水中总氮的测定

一、实验目的

1. 掌握碱性过硫酸钾消解紫外分光光度法测定水中总氮的原理和方法。
2. 熟练掌握紫外分光光度计的工作原理和使用方法。

二、实验原理

总氮是水样中溶解态及悬浮物中氮的总和,包括亚硝酸盐氮、硝酸盐氮、无机铵盐、溶解态氮及大部分有机含氮化合物中的氮。在 120～124℃下,碱性过硫酸钾溶液使水样中含氮化合物的氮转化为硝酸盐,采用紫外分光光度法于波长 220 nm 和 275 nm 处,分别测定吸光度 A_{220} 及 A_{275},按式(2-9-1)计算校正吸光度 A,总氮(以 N 计)质量浓度与校正吸光度 A 成正比,用校准曲线法定量。

$$A = A_{220} - 2A_{275} \qquad (2-9-1)$$

三、仪器与试剂

1. 紫外分光光度计:具 10 mm 石英比色皿。

2. 具塞磨口玻璃比色管:25 mL。

3. 高压蒸汽灭菌锅:最高工作压力不低于 1.1～1.4 kg/cm²,最高工作温度不低于 120～124℃。

4. 碱性过硫酸钾溶液:$\rho(K_2S_2O_8) = 40.0$ g/L。称取 40.0 g 过硫酸钾(含氮量应小于 0.000 5%)溶于 600 mL 水中(可置于 50℃水浴中加热至完全溶解);另称取 15.0 g 氢氧化钠(含氮量应小于 0.000 5%)溶于 300 mL 水中。待氢氧化钠溶液温度冷却至室温后,混合两种溶液,定容至 1 000 mL,存放于聚乙烯瓶中,可保存 1 周。

5. 硝酸钾标准贮备液:$\rho(以 N 计) = 100$ mg/L。称取 0.721 8 g 硝酸钾(基准或优级纯,预先于 105～110℃烘干 2 h,在干燥器冷却至室温)溶于适量水中,移入 1 000 mL 容量瓶中,定容,混匀。加入 1～2 mL 三氯甲烷作为保护剂,在 0～10℃暗处保存,可稳定 6 个月。也可直接购买市售有证标准溶液。

6. 硝酸钾标准使用液:$\rho(以 N 计) = 10.0$ mg/L。量取 10.00 mL 硝酸钾标准贮备液至 100 mL 容量瓶中,定容,混匀,临用前配制。

7. 盐酸溶液:$1+9(V/V)$。

8. 硫酸溶液:$1+35(V/V)$。

9. 氢氧化钠溶液:$\rho(NaOH) = 20$ g/L。称取 2.0 g 氢氧化钠(含氮量应小于 0.000 5%)溶于少量水中,稀释至 100 mL。

四、实验步骤

1. 校准曲线绘制

分别量取 0.00 mL、0.20 mL、0.50 mL、1.00 mL、3.00 mL 和 7.00 mL 硝酸钾标准使用液于 6 支 25 mL 具塞磨口玻璃比色管中,加水稀释至 10.00 mL,再加入 5.00 mL 碱性过硫酸钾溶液,塞进管塞,用纱布和线绳扎紧管塞,以防弹出。将比色管置于高压蒸汽灭菌锅中,加热至顶压阀吹气,关阀,继续加热至 120℃ 开始计时,保持稳定为 120～124℃,30 min。自然冷却、开阀放气,移去外盖,取出比色管冷却至室温,按住管塞将比色管中的液体颠倒混匀 2～3 次。

每支比色管中分别加入 1.0 mL 盐酸溶液(1+9),用水稀释至 25 mL 标线,盖塞混匀。使用 10 mm 石英比色皿,在紫外分光光度计上,以水作参比,分别于波长 220 nm 和 275 nm 处测定吸光度。按式(2-9-2)、式(2-9-3)和式(2-9-4)计算零浓度的校正吸光度 A_b,其他标准系列的校正吸光度 A_s 及其差值 A_r,以总氮(以 N 计)质量(μg)为横坐标,对应的 A_r 为纵坐标,绘制校准曲线,得到校准曲线方程。将实验数据及校准曲线方程记录在表 2-9-1 中。

$$A_b = A_{b220} - 2A_{b275} \tag{2-9-2}$$

$$A_s = A_{s220} - 2A_{s275} \tag{2-9-3}$$

$$A_r = A_s - A_b \tag{2-9-4}$$

式中 A_b——零浓度(空白)溶液的校正吸光度;

        A_{b220}——零浓度(空白)溶液于波长 220 nm 处的吸光度;

        A_{b275}——零浓度(空白)溶液于波长 275 nm 处的吸光度;

        A_s——标准溶液的校正吸光度;

        A_{s220}——标准溶液于波长 220 nm 处的吸光度;

        A_{s275}——标准溶液于波长 275 nm 处的吸光度;

        A_r——标准溶液校正吸光度与零浓度(空白)溶液校正吸光度的差。

2. 样品测定

取适量水样用氢氧化钠溶液(20 g/L)或硫酸溶液(1+35)调至 pH=5～9,待测。量取适量上述水样(使水样中总氮质量不超过 70 μg),加入 25 mL 具塞磨口比色管中,稀释至标线。按照校准曲线同样操作步骤进行测定。

3. 空白试验

用水代替水样,按照与样品相同步骤进行预处理和测定。

将水样总氮测定实验数据记录在表 2-9-2 中。

五、数据记录与处理

1. 绘制校准曲线实验记录

表 2-9-1 绘制总氮校准曲线数据记录表

序 号		1	2	3	4	5	6
硝酸钾标准使用液的体积/mL		0.00	0.20	0.50	1.00	3.00	7.00
总氮(以 N 计)质量/μg		0.00	2.00	5.00	10.00	30.00	70.00
吸光度	A_{220}						
	A_{275}						
校正吸光度	A_b 或 A_s ($A_{220} - 2A_{275}$)						
$A_r = A_s - A_b$							
总氮校准曲线方程及 线性相关性系数 r							

注:A_b 为零浓度(空白)溶液的校正吸光度,A_s 为标准溶液的校正吸光度,A_r 为标准溶液校正吸光度与零浓度(空白)溶液校正吸光度的差。

2. 样品测定实验记录

表 2 - 9 - 2　水样中总氮测定数据记录表

样　品　名　称		空白试样	水样 1	水样 2	水样 3
水样体积/mL					
吸光度	A_{220}				
	A_{275}				
校正吸光度	A_b 或 A_s $(A_{220}-2A_{275})$				
	$A_r=A_s-A_b$				
水样中总氮(以 N 计)的质量浓度/(mg/L)					

注：A_b 为空白试样的校正吸光度，A_s 为水样的校正吸光度，A_r 为水样校正吸光度和空白试样校正吸光度的差值。

3. 计算

水中总氮(以 N 计)的质量浓度,按式(2 - 9 - 5)计算：

$$\rho = \frac{(A_r-a)f}{bV} \qquad (2-9-5)$$

式中　ρ——水样中总氮(以 N 计)的质量浓度,mg/L；

　　　A_r——试样的校正吸光度与空白试验校正吸光度的差；

　　　a——校准曲线的截距；

　　　b——校准曲线的斜率；

　　　V——水样体积,mL；

　　　f——稀释倍数。

六、注意事项

1. 测定应在无氨的实验室环境中进行,避免环境交叉污染对测定结果产生影响。

2. 在碱性过硫酸钾溶液配制过程中,温度过高会导致过硫酸钾分解失效,故要控制水浴温度低于 60℃,且待氢氧化钠溶液温度冷却至室温后,再将其与过硫酸钾溶液混合、定容。

3. 当碘离子含量相当于总氮含量的 2.2 倍以上,溴离子含量相当于总氮含量的 3.4 倍以上时,会对测定产生干扰。

4. 水样中六价铬离子和三价铁离子对测定产生干扰,可加入 5% 盐酸羟胺溶液 1~2 mL 消除干扰。

5. 若比色管在消解过程中出现管口或管塞破裂,应重新取样分析。

6. 当测定结果小于 1.00 mg/L 时,保留到小数点后两位；大于等于 1.00 mg/L 时,保留三位有效数字。

七、思考与讨论

1. 水中总氮包括哪些氮？测定总氮的意义是什么？

2. 测定水质总氮时,影响测定准确度的因素有哪些？如何避免？

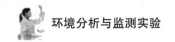

实验 10　水中总磷的测定

一、实验目的

1. 了解水中总磷测定的目的和意义。

2. 掌握过硫酸钾消解水样的方法。

3. 熟练掌握钼酸铵分光光度法测定总磷的原理和方法。

二、实验原理

磷是生物生长的必需元素之一,在天然水和废水中,磷主要以正磷酸盐、聚磷酸盐和有机磷等形式存在。当水体受到污染,磷含量过高时,水体中浮游生物和藻类会大量繁殖而消耗水中溶解氧,从而加速水体的富营养化,使水质恶化。水中总磷是指溶解的、颗粒的、有机的和无机的等各种形态磷的总和。总磷是反映水体受污染程度和水体富营养化程度的主要指标之一。

水中总磷的测定通常需要将未经过滤的水样消解,将其中各种形态的磷全部转化为正磷酸盐后再进行测定。

本实验采用钼酸铵分光光度法测定水中的总磷。其测定原理是:在中性条件下用过硫酸钾(或硝酸-高氯酸)消解水样,将水样中的磷全部氧化为正磷酸盐。在酸性介质中,正磷酸盐与钼酸铵反应,在锑盐存在下生成磷钼杂多酸后,立即被抗坏血酸还原,生成蓝色的配合物(磷钼蓝),在 700 nm 波长处测定吸光度,用校准曲线法定量。

三、仪器与试剂

1. 高压蒸汽灭菌锅:压力 $1.1 \sim 1.4 \text{ kg/cm}^2$。

2. 具塞磨口刻度管:50 mL。

3. 分光光度计:具 30 mm 比色皿。

4. 硫酸溶液:$1+1(V/V)$。

5. 过硫酸钾溶液:$\rho(K_2S_2O_8) = 50 \text{ g/L}$。称取 5 g 过硫酸钾溶于水,稀释至 100 mL。

6. 抗坏血酸:$\rho(C_6H_8O_6) = 100 \text{ g/L}$。称取 10 g 抗坏血酸溶于水,稀释至 100 mL。此溶液贮于棕色的试剂瓶中,在冷处可稳定几周。如不变色可长时间使用。

7. 钼酸盐溶液:溶解 13 g 四水合钼酸铵 $[(NH_4)_6Mo_7O_{24} \cdot 4H_2O]$ 于 100 mL 水中。溶解 0.35 g 水合酒石酸锑钾 $[(KSbC_4H_4O_7)_2 \cdot H_2O]$ 于 100 mL 水中。在不断搅拌下把钼酸铵溶液徐徐加到 300 mL 硫酸($1+1$)中,再加酒石酸锑钾溶液,混匀。此溶液贮于棕色的试剂瓶中,在冷处可保存 2 个月。

8. 磷标准贮备液:$\rho(\text{以 P 计}) = 50 \text{ mg/L}$。称取 0.2197 g 磷酸二氢钾($KH_2PO_4$)(预先于 110℃ 干燥 2 h,在干燥器中放冷)溶于适量水,移入 1 000 mL 容量瓶中,加入约 800 mL 水、5 mL 硫酸溶液($1+1$),定容,混匀。此溶液在玻璃瓶中可贮存至少 6 个月。

9. 磷标准使用液:$\rho(\text{以 P 计}) = 2 \text{ mg/L}$。吸取 10.0 mL 磷标准贮备液于 250 mL 容量瓶中,定容,混匀。临用前配制。

四、实验步骤

1. 校准曲线绘制

（1）消解：取 7 支 50 mL 具塞磨口刻度管，分别加入 0.00 mL、0.50 mL、1.00 mL、3.00 mL、5.00 mL、10.00 mL 和 15.00 mL 磷标准使用液，加水稀释至 25 mL。再加入 4 mL 过硫酸钾溶液，塞紧管塞，用纱布和线绳将玻璃塞扎紧，放在大烧杯中置于高压蒸汽灭菌锅中，加热至压力达到 1.1 kg/cm²，相应温度为 120℃时，保持 30 min 后停止加热。待压力表读数降至零后，取出放冷，定容，混匀。

（2）显色：分别向各管中加入 1 mL 抗坏血酸溶液，混匀，30 s 后再加入 2 mL 钼酸铵溶液充分混匀，室温下放置 15 min。

（3）测定：用 30 mm 比色皿，在 700 nm 波长下，以水作参比，测定吸光度。以零浓度空白校正吸光度（$A-A_0$）为纵坐标，以其对应的总磷（以 P 计）质量（μg）为横坐标，绘制校准曲线。将实验数据及校准曲线方程记录在表 2-10-1 中。

2. 水样测定

取适量充分混合均匀的水样（使水样中总磷质量不超过 30 μg），加入 50 mL 具塞磨口刻度管中，定容，混匀。按校准曲线同样步骤消解、显色、测定，测得水样吸光度 A。

3. 空白试验

用水代替水样，按照与水样相同步骤进行预处理和测定，测得空白试验吸光度 A_b。空白试验应与水样同时测定。

将水中总磷测定实验数据记录在表 2-10-2 中。

五、数据记录与处理

1. 绘制校准曲线实验记录

表 2-10-1　总磷校准曲线数据记录表

序　号	1	2	3	4	5	6	7
磷标准使用液体积/mL	0.00	0.50	1.00	3.00	5.00	10.00	15.00
总磷质量/μg	0.00	1.00	2.00	6.00	10.0	20.0	30.0
吸光度 A							
零浓度空白校正吸光度 $A-A_0$							
总磷校准曲线方程及线性相关性系数 r							

2. 水样测定实验记录

表 2-10-2　水样中总磷质量浓度测定数据记录表

样　品　名　称	空白试样	水样 1	水样 2	水样 3
水样体积 V/mL				
吸光度 A				
校正吸光度 $A-A_b$				
水样中总磷质量浓度/(mg/L)				

3. 计算

水样中总磷（以 P 计）的质量浓度，按式（2-10-1）计算：

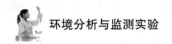
$$\rho = \frac{(A - A_b) - a}{b \times V} \qquad (2-10-1)$$

式中　ρ——水中总磷(以 P 计)的质量浓度,mg/L;

　　　A——水样吸光度;

　　　A_b——空白试验吸光度;

　　　a——校准曲线截距;

　　　b——校准曲线斜率;

　　　V——水样体积,mL。

六、注意事项

1. 所有玻璃器皿均应用稀盐酸或稀硝酸浸泡。

2. 如用硫酸保存水样,当用过硫酸钾消解时,需先将试样调至中性。

3. 对于含磷量较少的水样,不要用塑料瓶采样,因磷酸盐易吸附在塑料瓶壁上。

4. 若水样含磷量浓度较高,应减少取样量,并稀释至 25.00 mL。

七、思考与讨论

1. 待测水样浑浊或有颜色时,应如何测定水样中的磷?

2. 如果仅仅对水样进行加热煮沸,测得的是什么形态的磷?

实验 11 水中挥发酚的测定

一、实验目的
1. 掌握用预蒸馏进行水样预处理的方法。
2. 掌握用 4-氨基安替比林分光光度法测定挥发酚的实验技术。

二、实验原理
酚是水体中重要的污染物,会影响水生生物的正常生长,使水产品发臭,水中酚质量浓度超过 0.3 mg/L 时,可引起鱼类的回避。根据酚类能否与水蒸气一起蒸出的性质,分为挥发酚与不挥发酚。挥发酚多指沸点在 230℃ 以下的酚类,通常属于一元酚。

在测定水中挥发酚类化合物时,一般需要对水样进行预蒸馏处理。用蒸馏法蒸馏出挥发性酚类化合物,消除颜色、浑浊等的干扰。由于酚类化合物的挥发速度随馏出液体积的变化而变化,因此,馏出液体积必须与试样体积相等。

挥发酚的概念,即随水蒸气蒸馏出并能和 4-氨基安替比林反应生成有色化合物的挥发性酚类化合物,结果以苯酚计。

被蒸馏出的酚类化合物,在 pH=10.0±0.2 的介质中,在铁氰化钾存在下,与 4-氨基安替比林反应,生成橙红色的安替比林染料,显色后,30 min 内,于 510 nm 波长测定吸光度。

三、仪器与试剂
1. 全玻璃蒸馏器:500 mL。
2. 分光光度计。
3. 具塞比色管:50 mL。
4. 硫酸亚铁($FeSO_4 \cdot 7H_2O$)。
5. 碘化钾(KI)。
6. 硫酸铜($CuSO_4 \cdot 5H_2O$)。
7. 磷酸溶液:1+9(V/V)。
8. 缓冲溶液:pH≈10.7。称取 20 g 氯化铵溶于 100 mL 氨水中,加塞,置于冰箱中保存。
9. 4-氨基安替比林溶液:$\rho=20$ g/L。称取 4-氨基安替比林 2 g 溶于水,溶解后移入 100 mL 容量瓶中,定容,混匀,置于冰箱内保存,可保存 1 周。
10. 铁氰化钾溶液:$\rho\{K_3[Fe(CN)_6]\}=80$ g/L。称取 8 g 铁氰化钾溶于水,溶解后移入 100 mL 容量瓶中,定容,混匀,置于冰箱内保存,可保存 1 周。
11. 溴酸钾-溴化钾溶液:$c(1/6KBrO_3)=0.1$ mol/L。称取 2.784 g 溴酸钾溶于水,加入 10 g 溴化钾,溶解后移入 1 000 mL 容量瓶中,定容,混匀。
12. 硫代硫酸溶液:$c(Na_2S_2O_3)\approx0.012\ 5$ mol/L。称取 3.1 g 五水合硫代硫酸钠($Na_2S_2O_3 \cdot 5H_2O$),溶于煮沸放冷的水中,加入 0.2 g 碳酸钠,溶解后移入 1 000 mL 容量瓶中,定容,混匀。临用前按照实验 5 中的方法进行标定。
13. 淀粉溶液:$\rho=10$ g/L。称取 1 g 可溶性淀粉,用少量水调成糊状,加沸水至 100 mL,冷却后,置冰箱内保存。

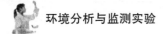

14. 酚标准贮备液：$\rho(C_6H_5OH) \approx 1.00$ g/L。称取 1.00 g 精制苯酚溶于无酚水中，移入 1 000 mL 容量瓶中，定容，混匀。置冰箱内冷藏，可稳定保存 1 个月。

标定方法：吸取 10.00 mL 酚标准贮备液于 250 mL 碘量瓶中，加水稀释至 100 mL，加 10.0 mL 0.1 mol/L 溴酸钾-溴化钾溶液，立即加入 5 mL 浓盐酸，密塞，轻轻摇匀，于暗处放置 15 min。加入 1 g 碘化钾，密塞，再轻轻摇匀，放置暗处 5 min。用 0.012 5 mol/L 硫代硫酸钠标准溶液滴至淡黄色，加入 1 mL 淀粉溶液，继续滴至蓝色刚好褪去，记录用量，滴定 3 次平行样，计算平均值。同时以水代替酚贮备液做空白试验，记录硫代硫酸钠标准溶液用量。

酚标准贮备液的质量浓度按式（2-11-1）计算：

$$\rho = \frac{(V_1 - V_2) \times c \times 15.68}{V} \qquad (2-11-1)$$

式中　ρ——酚标准贮备液的质量浓度，mg/L；

V_1——空白试验消耗硫代硫酸钠标准溶液的体积，mL；

V_2——滴定酚标准贮备液时消耗硫代硫酸钠标准溶液的体积，mL；

V——取用酚标准贮备液的体积，mL；

c——硫代硫酸钠标准溶液的浓度，mol/L；

15.68——苯酚（$1/6\,C_6H_5OH$）摩尔质量，g/mol。

15. 酚标准中间液：$\rho(C_6H_5OH) = 10.0$ mg/L。移取适量酚标准贮备液于 100 mL 容量瓶中，定容，混匀，配制后 2 h 内使用。

16. 酚标准使用液：$\rho(C_6H_5OH) = 1.00$ mg/L。量取 10.0 mL 酚标准中间液，于 100 mL 容量瓶中，定容，混匀，临用前配制。

17. 甲基橙指示液：$\rho = 0.5$ g/L。称取 0.1 g 甲基橙溶于水，溶解后移入 200 mL 容量瓶中，定容，混匀。

18. 淀粉-碘化钾试纸：称取 1.5 g 可溶性淀粉，用少量水搅成糊状，加入 200 mL 沸水，混匀，放冷，加 0.5 g 碘化钾和 0.5 g 碳酸钠，用水稀释至 250 mL，将滤纸条浸渍后，取出晾干，盛于棕色瓶中，密封保存。

19. 乙酸铅试纸：称取乙酸铅 5 g，溶于水中，并稀释至 100 mL。将滤纸条浸入上述溶液中，1 h 后取出晾干，盛于广口瓶中，密封保存。

四、实验步骤

1. 水样采集

在水样采集现场，用淀粉-碘化钾试纸检测水样中有无游离氯等氧化剂的存在。若试纸变蓝，应及时加入过量的硫酸亚铁去除。水样的采集量应大于 500 mL，贮于硬质玻璃瓶中。采集后的样品应及时用磷酸酸化至 pH≈4.0，并加适量硫酸铜，使水样中的硫酸铜浓度约为 1 g/L，以抑制微生物对酚类的生物氧化作用。

2. 蒸馏

量取 250 mL 水样置于 500 mL 蒸馏瓶中，加入 25 mL 去离子水，加数粒小玻璃珠以防暴沸，再加两滴甲基橙指示液，若水样未显橙色，用磷酸溶液调节至 pH=4（溶液呈橙红色）。连接冷凝器，加热蒸馏，收集馏出液 250 mL 至容量瓶中。

3. 校准曲线绘制

在 7 支 50 mL 比色管中，分别加入 0.00 mL、0.50 mL、1.00 mL、3.00 mL、5.00 mL、

7.00 mL 和 10.00 mL 酚标准使用液,加水至标线。加 0.5 mL 缓冲溶液,混匀,此时 pH=10.0±0.2,加 1.0 mL 4-氨基安替比林溶液,混匀。再加 1.0 mL 铁氰化钾溶液,充分混匀后,放置 10 min。于 510 nm 波长,用光程为 20 mm 比色皿,以水为参比,测量吸光度。以零浓度空白校正吸光度($A-A_0$)为纵坐标,以其对应的苯酚质量(μg)为横坐标,绘制校准曲线。将实验数据及校准曲线方程记录在表 2-11-1 中。

4. 样品测定

分取适量的蒸馏馏出液放入 50 mL 比色管中(使水样中酚质量不超过 10 μg),稀释至标线。按绘制校准曲线相同步骤,测得样品吸光度 A。

5. 空白试验

以水代替水样,按样品测定相同步骤进行预处理(蒸馏)和测定,测得空白试验吸光度 A_b,空白试验应与水样同时测定。

将水中挥发酚测定实验数据记录在表 2-11-2 中。

五、数据记录与处理

1. 绘制校准曲线实验记录

表 2-11-1 酚校准曲线数据记录表

序 号	1	2	3	4	5	6	7
酚标准使用液体积/mL	0	0.50	1.00	3.00	5.00	7.00	10.00
酚质量/μg	0	0.50	1.00	3.00	5.00	7.00	10.00
吸光度 A							
零浓度空白校正吸光度 $A-A_0$							
苯酚的校准曲线方程及线性相关性系数 r							

2. 水样测定实验记录

表 2-11-2 水样挥发酚测定数据记录表

样 品 名 称	空白试样	水样 1	水样 2	水样 3
移取的馏出液体积 V/mL				
吸光度 A				
校正吸光度 $A-A_b$				
水样中挥发酚(以苯酚计)的质量浓度/(mg/L)				

3. 计算

水样中挥发酚(以苯酚计)的质量浓度,按式(2-11-2)计算:

$$\rho = \frac{(A-A_b)-a}{b \times V} \tag{2-11-2}$$

式中 ρ——水样中挥发酚(以苯酚计)的质量浓度,mg/L;

A——水样吸光度;

A_b——空白试验吸光度;

a——校准曲线截距;

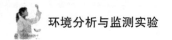

b——校准曲线斜率；

V——移取的馏出液体积，mL。

当计算结果<0.1 mg/L 时，保留到小数点后四位；当计算结果≥0.1 mg/L 时，保留三位有效数字。

六、注意事项

1. 由于酚类化合物不稳定、易挥发、易被氧化，所以应在蒸馏前先做适当预处理，消除干扰物。

(1) 氧化剂：当水样经酸化后滴于淀粉-碘化钾试纸上出现蓝色时，说明存在氧化剂，可加入过量的硫酸亚铁去除。

(2) 硫化物：取一滴水样放在乙酸铅试纸上，若试纸变黑色说明有硫化物存在，可加磷酸酸化，置通风橱内进行搅拌曝气，直至生成的硫化氢完全逸出。

(3) 苯胺类：苯胺类可与 4-氨基安替比林发生显色反应而干扰酚的测定，一般在酸性(pH<0.5)条件下，可以通过预蒸馏分离。

2. 蒸馏过程中，如发现甲基橙的红色褪去，应在蒸馏结束并冷却后，向蒸馏瓶中加一滴甲基橙指示液；如发现蒸馏后残液不呈酸性，应重新取样，增加磷酸加入量，进行蒸馏。

3. 不得用橡胶塞、橡胶管连接蒸馏瓶及冷凝器，以防止对测定产生干扰。可使用聚四氟乙烯塞和硅胶管。

4. 样品和标准溶液中加入缓冲溶液和 4-氨基安替比林后，要混匀后才能加入铁氰化钾溶液，否则结果偏低。

七、思考与讨论

1. 挥发酚类的测定为什么要预蒸馏？

2. 水样中加入硫酸铜的目的是什么？

实验 12　水中总有机碳的测定

一、实验目的

1. 掌握总有机碳的意义和测定原理。

2. 了解总有机碳分析仪的工作原理和使用方法。

二、实验原理

总有机碳(total organic carbon，TOC)是指溶解或悬浮在水中有机物的含碳量，是以碳的质量浓度表示水体中有机物质总量的综合指标。由于 TOC 的测定采用燃烧法，能将有机物全部氧化，它比 BOD_5 或 COD_{Cr} 能更直接地表示有机物的总量，因此，TOC 经常被用来评价水体中有机物污染的程度。

水中总有机碳测定的国家标准分析方法是燃烧氧化-非分散红外吸收法，其工作原理主要有差减法和直接法。

(1) 差减法测定 TOC：将试样连同净化空气(干燥并除去二氧化碳)分别导入高温燃烧管和低温反应管中，经高温燃烧管的水样受高温催化氧化，使有机化合物和无机碳酸盐均转化成为二氧化碳，经低温反应管的水样受酸化而使无机碳酸盐分解成二氧化碳。两种反应管中生成的二氧化碳依次引入非分散红外线检测器。由于一定波长的红外线被二氧化碳选择吸收，在一定浓度范围内，二氧化碳对红外线吸收的强度与二氧化碳的浓度成正比，故可对水样总碳(TC)和无机碳(IC)进行定量测定。TC 与 IC 的差值，即为 TOC。

(2) 直接法测定 TOC：将水样酸化后曝气，将无机碳酸盐分解生成二氧化碳去除后，再注入高温燃烧管中，可直接测定 TOC。但由于在曝气过程中会造成水样中挥发性有机物的损失而产生测定误差，因此，测定结果只是不可吹扫有机碳值(NPOC)。

当水中苯、甲苯、环己烷和三氯甲烷等挥发性有机物含量较高时，宜用差减法；当水中挥发性有机物含量较少而无机碳含量相对较高时，宜用直接法。

三、仪器与试剂

1. 总有机碳分析仪：燃烧氧化-非分散红外吸收法。

2. 载气：氧气，纯度大于 99.99%。

3. 无二氧化碳蒸馏水：超纯水机制备，临用前配制，TOC 不超过 0.50 mg/L。

4. 氢氧化钠溶液：$\rho = 10$ g/L。称取 10 g 氢氧化钠溶于水中，稀释至 1 000 mL。

5. 有机碳标准贮备液：ρ(有机碳)$= 400$ mg/L。称取 0.850 2 g 邻苯二甲酸氢钾(优级纯，预先在 110~120℃干燥至恒重)溶于水，移入 1 000 mL 容量瓶中，定容，混匀。在 4℃冷藏可保存 2 个月。

6. 无机碳标准贮备液：ρ(无机碳)$= 400$ mg/L。称取 1.763 4 g 无水碳酸钠(预先在 105℃干燥至恒重)和 1.400 0 g 碳酸氢钠(预先在干燥器内干燥至恒重)，溶于水中，移入 1 000 mL 容量瓶中，定容，混匀。在 4℃冷藏可保存 2 周。

7. 差减法标准使用液：ρ(总碳)$= 200$ mg/L 和 ρ(无机碳)$= 100$ mg/L。分别移取 50.00 mL 有机碳标准贮备液和 50.00 mL 无机碳标准贮备液于 200 mL 容量瓶中，定容，混匀。在 4℃下可稳定保存 1 周。

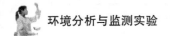
8. 直接法标准使用液：ρ(有机碳)＝100 mg/L。移取 50.00 mL 有机碳标准贮备液于 200 mL 容量瓶中，定容，混匀。在 4℃下可稳定保存 1 周。

四、实验步骤

1. 水样采集和保存

水样应采集在棕色玻璃瓶中并应充满采样瓶，不留顶空。水样采集后应在 24 h 内测定，否则加入硫酸将水样酸化至 pH≤2。在 4℃ 条件下保存 7 d。

2. 差减法校准曲线绘制

分别吸取 0.00 mL、2.00 mL、5.00 mL、10.00 mL、20.00 mL、40.00 mL 及 100.00 mL 差减法标准使用液于 7 个 100 mL 容量瓶中，用水稀释至标线，配制成总碳和无机碳两个系列标准溶液。取一定体积的标准溶液分别注入 TOC 仪中，测得标准系列溶液响应值。以标准系列溶液质量浓度对应仪器的响应值，分别绘制总碳和无机碳校准曲线。将实验数据和差减法校准曲线方程记录在表 2-12-1 中。

3. 直接法校准曲线绘制

分别吸取 0.00 mL、2.00 mL、5.00 mL、10.00 mL、20.00 mL、40.00 mL 及 100.00 mL 直接法标准使用液于 7 个 100 mL 容量瓶中，用水稀释至标线，配制成有机碳系列标准溶液。取一定体积的标准溶液分别注入 TOC 仪中，测得标准系列溶液响应值。以标准系列溶液质量浓度对应仪器的响应值，绘制有机碳校准曲线。

将实验数据和直接法校准曲线方程记录在表 2-12-2 中。

4. 样品测定

(1) 差减法：经酸化的水样，在测定前用 10 g/L 的氢氧化钠溶液中和至中性，取一定体积的水样注入 TOC 仪测定，记录相应的响应值。

(2) 直接法：取一定体积酸化至 pH≤2 的水样注入 TOC 仪中，经曝气除去无机碳后导入高温氧化炉中进行测定，记录相应的响应值。

5. 空白试验

用无二氧化碳水代替水样，按照样品测定的步骤，测定其响应值。每次试验应先检测无二氧化碳水的 TOC 质量浓度，测定值应不超过 0.5 mg/L。

将样品测定实验数据记录在表 2-12-3 中。

五、数据记录与处理

1. 差减法校准曲线测定

表 2-12-1   TC/IC 校准曲线数据记录表

序　　号	1	2	3	4	5	6	7
差减法标准使用液体积/mL	0.00	2.00	5.00	10.00	20.00	40.00	100.0
TC 标准溶液质量浓度/(mg/L)	0.0	4.0	10.0	20.0	40.0	80.0	200.0
IC 标准溶液质量浓度/(mg/L)	0.0	2.0	5.0	10.0	20.0	40.0	100.0
TOC 仪响应值							
TC 校准曲线方程及线性相关性系数 r_1							
IC 校准曲线方程及线性相关性系数 r_2							

2. 直接法校准曲线测定

表 2 - 12 - 2　TOC 校准曲线数据记录表

序　　号	1	2	3	4	5	6	7
直接法标准使用液体积/mL	0.00	2.00	5.00	10.00	20.00	40.00	100.0
TOC 标准溶液质量浓度/(mg/L)	0.0	2.0	5.0	10.0	20.0	40.0	100.0
TOC 仪响应值							
TOC 校准曲线方程及线性相关性系数 r							

3. 水样测定实验记录

表 2 - 12 - 3　水样 TOC 测定数据记录表

方法名称	样　品　名　称	水样 1	水样 2	水样 3
差减法	TOC 仪响应值			
	总碳 TC 质量浓度/(mg/L)			
	无机碳 IC 质量浓度/(mg/L)			
	有机碳 TOC 质量浓度/(mg/L)			
直接法	TOC 仪响应值			
	有机碳 TOC 质量浓度/(mg/L)			

4. 计算

(1) 差减法：根据所测试样响应值，由校准曲线计算出总碳和无机碳浓度。水样中总有机碳质量浓度，按式(2 - 12 - 1)计算：

$$\rho(TOC) = \rho(TC) - \rho(IC) \qquad (2 - 12 - 1)$$

式中　$\rho(TOC)$——水样总有机碳质量浓度，mg/L；

$\rho(TC)$——水样总碳质量浓度，mg/L；

$\rho(IC)$——水样无机碳质量浓度，mg/L。

(2) 直接法：根据所测试样响应值，由校准曲线计算出总有机碳的质量浓度 $\rho(TOC)$。

六、注意事项

1. 地面水中常见共存离子 SO_4^{2-} 超过 400 mg/L、Cl^- 超过 400 mg/L、NO_3^- 超过 100 mg/L、PO_4^{3-} 超过 100 mg/L、S^{2-} 超过 100 mg/L 时，对测定有干扰，应做适当的预处理。

2. 当测定结果＜100 mg/L 时，保留到小数点后一位；当测定结果≥100 mg/L，保留三位有效数字。

3. 校准曲线浓度范围可根据仪器和测定样品种类的不同进行调整。

七、思考与讨论

1. 用差减法测定总有机碳时有时会出现负值的原因是什么？

2. 什么水样应该采用差减法测定？什么水样应该用直接法测定？为什么？

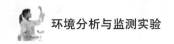

实验 13　水中石油类和动植物油类的测定

一、实验目的

1. 掌握水中石油类和动植物油类的定义以及测定方法。

2. 掌握水中石油类和动植物油类测定的预处理方法。

二、实验原理

长期以来油类物质对水体的污染一直是全球关注的焦点。油类物质从来源上一般分为矿物油、动植物油和香精油。各种油类物质的化学性质是完全不同的,各种组分的毒性又很不一样。水面上出现油膜不但引起感官上的不快,而且使水体与空气隔绝,水体的溶解氧急剧下降,影响水生生物的正常生存与生长。

油类定义:在 $pH \leqslant 2$ 的条件下,能够被四氯乙烯萃取且在波数为 $2\,930\ cm^{-1}$、$2\,960\ cm^{-1}$ 和 $3\,030\ cm^{-1}$ 处有特征吸收的物质。其中,石油类是能够被四氯乙烯萃取且不被硅酸镁吸附的物质,动植物油类则是能够被四氯乙烯萃取且被硅酸镁吸附的物质。

水样在 $pH \leqslant 2$ 的条件下用四氯乙烯萃取后,测定油类;将萃取液用硅酸镁吸附去除动植物油类物质后,测定石油类。

油类和石油类的含量均由波数分别为 $2\,930\ cm^{-1}$(CH_2 基团 C—H 键的伸缩振动)、$2\,960\ cm^{-1}$(CH_3 基团 C—H 键伸缩振动)、$3\,030\ cm^{-1}$(芳香环中 C—H 键的伸缩振动)处的吸光度 $A_{2\,930}$、$A_{2\,960}$、$A_{3\,030}$,根据校正系数进行计算。

动植物油类的含量按油类与石油类含量之差计算。

当取样体积为 500 mL,萃取液体积为 50 mL,使用 4 cm 比色皿时,方法检出限为 0.06 mg/L,测定下限为 0.24 mg/L。

三、仪器与试剂

1. 红外测油仪或红外分光光度计:能在 $2\,930\ cm^{-1}$、$2\,960\ cm^{-1}$、$3\,030\ cm^{-1}$ 处测量吸光度,并配有 4 cm 带盖石英比色皿。

2. 1 000 mL 分液漏斗,具聚四氟乙烯旋塞。

3. 红外国家标样(商品级)。

4. 盐酸溶液:1+1(V/V)。

5. 四氯乙烯(C_2Cl_4):分析纯。

6. 无水硫酸钠(Na_2SO_4):置于马弗炉内 550 ℃下加热 4 h,稍冷后装入磨口玻璃瓶中,置于干燥器内贮存。

7. 硅酸镁($MgSiO_3$)吸附柱:内径 10 mm、长 200 mm 玻璃柱出口处塞少量玻璃棉,将硅酸镁[100~60 目(粒径为 150~250 μm)]缓缓倒入玻璃柱,边倒边轻轻敲打,填充高度约为 80 mm。

四、实验步骤

1. 红外测油仪仪器校准

用红外国家标准油品(商品级)对仪器进行校准,以确保仪器能正常使用。

2.油类萃取

取 500 mL 水样,加入盐酸(1+1)酸化至 pH≤2,移入 1 000 mL 分液漏斗,加入 50 mL 四氯乙烯,盖上瓶塞。先轻轻摇晃后拧开活塞,排出产生的气体,如此三次。然后充分振摇 5 min 后,静置 15 min。待完全分层后,拧开活塞,放出下层液体,即为萃取液。将萃取液通过内铺有约 1 cm 高无水硫酸钠层的砂芯漏斗,滤入 50 mL 容量瓶中,用适量四氯乙烯润洗砂芯漏斗,润洗液合并至容量瓶中,再用四氯乙烯定容,此为油类萃取液。

3.石油类试样制备

取适量油类萃取液,经过硅酸镁吸附柱,弃去前 5 mL 滤出液,余下部分接入 25 mL 比色管中,此为石油类萃取液。

4.空白试验

用纯水代替水样,按照待测水样的油类萃取液和石油类萃取液的相同步骤,进行空白试样的制备。空白值应控制在检出限内。

5.测量

打开仪器电源预热 15 min 后开始测量。用 4 cm 带盖石英比色皿,以四氯乙烯为空白调零,测量油类萃取液的质量浓度,得到 ρ_1。然后测量石油类萃取液的质量浓度,得到 ρ_2。

将实验数据记录在表 2-13-1 中。

五、数据记录与处理

1.实验数据记录

表 2-13-1　水样油分测定数据记录表

样品名称	水样 1	水样 2	水样 3
水样体积/mL			
空白值/(mg/L)			
油类萃取液 ρ_1/(mg/L)			
石油类萃取液 ρ_2/(mg/L)			
动植物油类质量浓度/(mg/L)			

2.计算

水样中油类、石油类和动植物油类的质量浓度,分别按式(2-13-1)、式(2-13-2)和式(2-13-3)计算:

$$\rho_{油类}=\frac{\rho_1\times 50}{500} \tag{2-13-1}$$

$$\rho_{石油类}=\frac{\rho_2\times 50}{500} \tag{2-13-2}$$

$$\rho_{动植物油类}=\rho_{油类}-\rho_{石油类} \tag{2-13-3}$$

式中　ρ_1——测量时油类萃取液的质量浓度,mg/L;
　　　ρ_2——测量时石油类萃取液的质量浓度,mg/L。

六、注意事项

1.萃取用的分液漏斗不能涂凡士林。

2. 同一批样品测定所用的四氯乙烯应来自同一瓶,如果样品数量多,应将多瓶四氯乙烯混匀后使用。

3. 萃取时,周围应无明火,并在通风橱内操作。

4. 4 cm 石英比色皿使用前后,应用四氯乙烯少量多次清洗。

5. 对于油类含量大于 130 mg/L 的废水,萃取液需要稀释后再按照水样的萃取步骤操作。

七、思考与讨论

对于水样萃取,旧的标准方法采用的是四氯化碳,为什么现行标准方法采用的是四氯乙烯,这其中有什么考虑?

实验 14　水中苯系物的测定

一、实验目的

1. 熟悉气相色谱仪的使用及微量注射器进样技术。

2. 掌握顶空取样的方法和气相色谱法测定水中苯系物的原理和方法。

二、实验原理

苯系物作为工业生产的重要溶剂及原料有着广泛的应用,化工、炼油、炼焦、油漆、农药、医药等行业的废水中含有较高的苯系物。苯系物种类很多,一般主要测定的是苯、甲苯、乙苯、二甲苯等化合物。除苯是已知的致癌物以外,其他几种化合物对人体和水生生物均有不同程度的毒性。

气相色谱法是以气体作为流动相,当它携带欲分离的混合物经固定相时,由于混合物中各组分的性质不同,与固定相作用的程度也有所不同,因而组分在两相间具有不同的分配系数,经过多次的分配之后,各组分在固定相中的滞留时间有长有短,从而使各组分先后流出色谱柱而得到分离。

氢火焰离子化检测器(FID)的测定原理:样品和载气经过色谱柱后进入 FID 的氢气-空气火焰中本身产生少许离子,有机化合物燃烧时产生的离子形成并增大极化电压,把这些离子吸引到火焰附近的收集极上,此过程中产生的电流与燃烧的样品成正比,用一个电流计检测电流,并转换成数字信号,送到输出装置。

顶空是指在密闭情况下,保持一定的温度,让样品在气-液形成相间平衡,定量抽取上方气体注入色谱柱,通过样品基质上方的气体成分来测定组分在原样品中的含量。其基本理论依据:在一定条件下气相和凝聚相(液相和固相)之间存在着分配平衡,气相组成能反映凝聚相的组成。可以把顶空分析看成是一种气相萃取方法,即用气体作"溶剂"来萃取样品中的挥发性成分。顶空分析操作简单,它只取气相部分进行分析,大大减少了样品基质对分析的干扰。

气相色谱法是一种分离分析方法,它的定量分析依据是在规定的操作条件下,被测组分的质量与检测器的响应信号(峰面积或峰高)成正比。

本法采用外标法(校准曲线法)测定苯系物的含量。

三、仪器与试剂

1. 气相色谱仪:具分流/不分流进样口和氢火焰离子化检测器(FID)。

2. 氢气发生器。

3. 全自动空气源。

4. 恒温振荡器。

5. 进样器。

6. 苯系物标准物质:甲苯、邻二甲苯,均为色谱纯。

7. 苯系物标准贮备液:$\rho \approx 1\,000$ mg/L。分别称取一定量色谱纯的甲苯、邻二甲苯标准溶液置于 1 000 mL 容量瓶中,用甲醇定容,混匀。

8. 苯系物标准使用液:$\rho \approx 100$ mg/L。准确吸取苯系物标准贮备液 10.00 mL 于 100 mL 容量瓶中,用甲醇定容,混匀。置于冰箱中保存,1 周内有效。

9. 载气:高纯氮气,99.999%。

10. 色谱条件:色谱柱(PEG20M,2 m×3 mm,不锈钢柱);温度(柱温 120℃,气化室温度

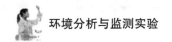

150℃,检测器温度150℃);柱前压(0.12 MPa);气体流量(氢气20 mL/min,空气150 mL/min);检测器(FID);进样量(100 μL)。

四、实验步骤

1. 校准曲线绘制

于7个100 mL容量瓶中,分别移入0.3 mL、0.5 mL、1.0 mL、2.0 mL、4.0 mL、6.0 mL和8.0 mL苯系物混合标准使用液,用水稀释至标线,摇匀,得到苯系物标准系列溶液。

取7个40 mL顶空瓶,分别称取4.0 g氯化钠(AR)置于其中,随后分别缓缓加入15 mL不同质量浓度的苯系物标准使用液,立即加盖密封。将顶空瓶置于30℃左右的空气浴振荡器中,恒温振荡5~10 min,抽取瓶中液上空间的气样100 μL做色谱分析,得到相应标准系列溶液的色谱峰面积,以苯系物的含量 ρ(mg/L)对应其峰面积 A 绘制校准曲线,分别得到甲苯、邻二甲苯的校准曲线方程。将实验数据及校准曲线方程记录在表2-14-1中。

2. 样品测定

在40 mL顶空瓶中加入4.0 g氯化钠,取15 mL水样缓缓加入顶空瓶中,立即加盖密封。将顶空瓶置于30℃左右的空气浴振荡器中,恒温振荡5~10 min,抽取瓶中液上空间的气样100 μL做色谱分析,以保留时间进行定性分析、以色谱峰面积 A 进行定量分析。根据目标物的色谱峰面积,由校准曲线得到样品中目标物的浓度。

3. 空白试验

用实验用水代替水样,按与样品测定相同的操作步骤进行预处理和测定。

将水样测定实验数据记录在表2-14-2中。

五、数据记录与处理

1. 绘制校准曲线实验记录

表2-14-1 苯系物校准曲线数据记录表

序 号	1	2	3	4	5	6	7
苯系物标准使用液体积/mL	0.3	0.5	1.0	2.0	4.0	6.0	8.0
甲苯质量浓度/(mg/L)							
邻二甲苯质量浓度/(mg/L)							
甲苯色谱峰面积 A							
邻二甲苯色谱峰面积 A							
甲苯校准曲线方程及线性相关性系数 r							
邻二甲苯校准曲线方程及线性相关性系数 r							

注:本试验标准使用液浓度为甲苯_____mg/L,邻二甲苯_____mg/L。

2. 水样测定实验记录

表2-14-2 水样测定实验记录表

样 品 名 称	空白试样	水样1	水样2	水样3
甲苯色谱峰面积 A				
邻二甲苯色谱峰面积 A				
水样中甲苯质量浓度/(mg/L)				
水样中邻二甲苯质量浓度/(mg/L)				

3. 计算

根据甲苯、邻二甲苯的校准曲线,按式(2-14-1)分别计算水样中甲苯、邻二甲苯的质量浓度:

$$\rho = \frac{(A - A_b) - a}{b} \qquad (2-14-1)$$

式中 ρ——水样中甲苯或邻二甲苯的质量浓度,mg/L;

A——水样中甲苯或邻二甲苯色谱峰面积;

A_b——空白试样中甲苯或邻二甲苯色谱峰面积;

b——校准曲线的斜率;

a——校准曲线的截距。

六、注意事项

1. 色谱仪开机步骤

(1) 依次打开氮气瓶总开关,打开电脑,打开色谱工作站软件,打开 GC 主机。

(2) 打开空气、氢气发生器。

(3) 设定色谱条件,或打开"仪器参数文件"中的程序。

(4) 待检测器温度达到设定值(或大于 150℃)后,打开净化器上空气、氢气开关,点火。

(5) 待基线稳定后即可进样分析。

2. 色谱仪关机步骤

(1) 关闭氢气发生器电源,将气体净化器上的"氢气"旋钮旋至"OFF"状态。

(2) 关闭空气泵电源,将气体净化器上的"空气"旋钮旋至"OFF"状态。

(3) 设置柱温、气化室和检测器温度为室温,或打开"文件"中的"关机"程序,使柱温降至40℃以下。

(4) 依次关闭色谱仪总电源开关,关闭电脑,关闭氮气瓶总开关。

3. 配制苯系物标准贮备液及标准使用液时,要在通风良好的情况下进行,以免危害健康。

4. 顶空样品制备是准确分析样品的重要步骤之一,如振荡时温度的变化及改变气、液两相的比例等都会使分析误差增大,如需第二次进样时,应重新恒温振荡。当温度等条件变化较大时,需对校准曲线进行校正。进样时所用的注射器应预热到稍高于样品温度。

5. 也可采用自动顶空装置(包括顶空瓶等)进行测定,使用前要确定方法的检测限、精密度和准确度能达到测定要求。

七、思考与讨论

1. 气相色谱中采用顶空进样的理论依据是什么?

2. 简要说明顶空气相色谱法在环境样品分析中的优势。

3. 当样品中目标物的浓度较高,超出校准曲线线性范围时,应该采取什么措施?

4. 高浓度样品与低浓度样品交替分析会造成干扰,实际操作中如何消除这种干扰?

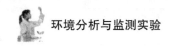

实验 15　生活污水中抗生素类药物残留的测定

一、实验目的

1. 掌握生活污水中抗生素类药物的提取方法(固相萃取法)。

2. 了解高效液相色谱-串联质谱联用仪检测抗生素类药物的原理。

二、实验原理

抗生素类药物(主要包括大环内酯类、磺胺类、氟喹诺酮类和四环素类等)被广泛应用于人类医疗行业和畜牧养殖业中,生产、排放量巨大。生活污水的直接排放和污水处理厂出水是地表水环境中抗生素污染的重要来源之一。排放到环境水体中的抗生素会以低浓度的状态长期暴露并且不断积累,导致抗药性强的超级细菌产生和增殖,进而危害人体健康。

固相萃取(solid-phase extraction,简称 SPE)被广泛用于环境样品中微污染物的分离、纯化和浓缩。与传统的液液萃取法相比,SPE 能够提高分析物的回收率,更有效地将分析物与干扰组分分离,减少样品预处理过程,具有操作简单、省时、省力等优点。

高效液相色谱-串联质谱(high performance liquid chromatography-tandem mass spectrometry,简称 HPLC‒MS/MS)广泛应用于药物、食品、环境、临床等各个领域,具有灵敏度高、选择性强、准确性好等特点。在 HPLC‒MS/MS 中,样品进样后首先在流动相的携带下进入色谱柱,经过色谱柱分离后,进入质谱进行检测。被测物在离子源转换成分子离子进入质谱,质谱根据被测物的质荷比(m/z)进行检测:三重四极杆的一级质谱扫描特定范围离子进入碰撞室;在碰撞室内分子离子碰撞裂解,形成子离子进入二级质谱;二级质谱扫描特定范围离子进入检测器;检测器则将电信号处理转化,最终以质量浓度表示。定量方法采用内标法,即将一定量的同位素标记纯物质作为内标物加入样品中,根据内标物和待测组分的峰面积(或峰高)及相对校正因子,求出被测组分在样品中的质量浓度。

三、仪器与试剂

1. 水样过滤装置。

2. 玻璃纤维滤纸(47 mm,0.7 μm)。

3. pH 计。

4. 固相萃取装置(24 位)。

5. Oasis HLB 固相萃取柱(500 mg,6 mL)。

6. PTFE 滤头(13 mm,0.2 μm)。

7. 氮吹仪(12 位)。

8. 涡旋振荡器。

9. 岛津 LCMS 8050 高效液相色谱-串联质谱联用仪。

10. 标准溶液:校准曲线工作溶液(质量浓度分别为 1 μg/L、5 μg/L、10 μg/L、50 μg/L、100 μg/L 和 200 μg/L)、内标标准溶液(含同位素标记物质 roxithromycin $-^7$d、ciprofloxacin $-^{13}C_3{}^{15}$N、sulfamethazine $-^{13}$C 以及 tetracycline $-^6$d 各 1 000 μg/L)。各目标物质基本物化性质见表 2 ‒ 15 ‒ 1。

11. 甲醇：HPLC 级。

12. 乙腈：HPLC 级。

13. 硫酸溶液：$c(1/2H_2SO_4)=1$ mol/L。量取 28 mL 浓硫酸缓缓加入水中,稀释至 1 000 mL。

14. 氢氧化钠溶液：$c(NaOH)=1$ mol/L。称取 40 g NaOH 溶于水中,稀释至 1 000 mL。

表 2-15-1　目标抗生素的物化性质

目 标 物	英 文 名	相对分子质量	化 学 式	lgK_{ow}
阿奇霉素	azithromycin	748.98	$C_{38}H_{72}N_2O_{12}$	4.02
环丙沙星	ciprofloxacin	331.3	$C_{17}H_{18}FN_3O_3$	0.28
磺胺对甲氧嘧啶	sulfameter	280.31	$C_{11}H_{12}N_4O_3S$	0.41
四环素	tetracycline	444.4	$C_{22}H_{24}N_2O_8$	−1.3
林可霉素	lincomycin	406.5	$C_{18}H_{34}N_2O_6S$	0.56

四、实验步骤

1. 水样过滤、调 pH、加内标

量取 1 000 mL 生活污水,由放置了玻璃纤维滤纸(网格面朝上)的过滤装置过滤。滤液倒入 A、B 两个锥形瓶中(各 500 mL),作为待分析平行样。滴加 1 mol/L 硫酸或 1 mol/L 氢氧化钠,调节水样 pH 至 6.5±0.2。移取 100 μL 内标标准溶液,添加于水样中。轻摇锥形瓶,混匀。同时,对空白对照组采用相同操作,形成空白样品。

2. 固相萃取

将 HLB 萃取柱置于固相萃取装置上,依次用 5 mL 甲醇、3×5 mL 高纯水进行活化和平衡。

活化完成后用连接管连通水样和萃取柱,如图 2-15-1 所示。运行真空泵,在真空条件下使水样以 3 mL/min(约每秒 1 滴)的速度流经萃取柱。

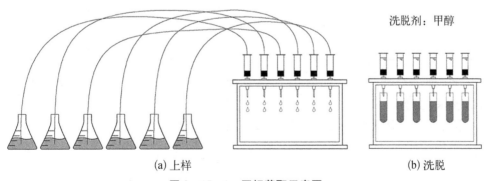

(a) 上样　　　　　　　　　　　　(b) 洗脱

图 2-15-1　固相萃取示意图

上样完成后,用 5 mL 5%甲醇溶液淋洗萃取柱。撤走连接管,继续抽真空(60 min 以上),使萃取柱中的水分完全被抽干。

3. 洗脱、氮吹、复溶

移取 2×5 mL 甲醇以约 1 mL/min 的速度自然流经萃取柱,洗脱液收集于 10 mL 具塞玻璃刻度离心管中。

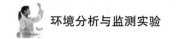

将离心管置于氮吹仪的水浴中(40℃),用高纯度氮气吹扫洗脱液至近干。

移取 1 mL 甲醇于离心管中,于涡旋振荡器上振荡 1 min,使管中的固体/浊液充分溶解,得到复溶液。用注射器抽取 1 mL 复溶液,经 PTFE 滤头过滤后转移到 2 mL 棕色样品瓶中。将样品瓶避光存储于 −20℃ 冰箱中,待后续仪器分析检测。

4. 样品测定

配制流动相:A—高纯水(含 0.1% 甲酸);B—乙腈(含 0.1% 甲酸)。HPLC - MS/MS 检测参数见表 2 - 15 - 2。在实验老师的指导下操作仪器测样。将检测结果文件导出,以进行后续数据分析处理。

将目标物检测结果记录在表 2 - 15 - 3 中。

表 2 - 15 - 2 目标抗生素 HPLC - MS/MS 检测参数

目 标 物	保留时间/min	母离子对	子离子对	对 应 内 标
阿奇霉素	3.672	749.5>158.0	749.5>591.2	roxithromycin −7 d
环丙沙星	3.201	332.2>314.1	332.2>231	ciprofloxacin −13C3 15N
磺胺对甲氧嘧啶	3.300	281.1>156.1	281.1>108.1	sulfamethazine −13C
四环素	3.188	445.2>410.2	445.2>427	tetracycline −6 d
林可霉素	2.802	407.3>126.1	407.3>359.3	roxithromycin −7 d

五、数据记录与处理

1. 目标物检出质量浓度

表 2 - 15 - 3 目标物检出质量浓度　　　　　　　　(单位:μg/L)

目标物	空白组	水样 1				水样 2			
		A	B	⋯	平均值	A	B	⋯	平均值

2. 质量浓度换算

目标抗生素在生活污水中的实际质量浓度,按式(2-15-1)计算:

$$\rho = \frac{\rho_0 \times D_1}{D_2} \qquad (2-15-1)$$

式中　ρ——目标抗生素在生活污水中的实际质量浓度,μg/L;

　　　ρ_0——目标抗生素的检出质量浓度,μg/L;

　　　D_1——水样稀释倍数,本实验水样的稀释倍数为1;

　　　D_2——水样浓缩倍数,本实验水样的浓缩倍数为500。

3. 数据分析

作图分析比较不同水样中目标抗生素的污染水平。

六、注意事项

1. 为避免可能产生的实验室污染,实验中所用到的所有玻璃仪器依次用甲醇和高纯水淋洗三遍后,放入烘箱中烘干,冷却至室温后使用;不宜加热的精密玻璃仪器淋洗后置于通风处自然风干。

2. 实验应设空白对照组(高纯水组)。每份水样应至少设立一组平行对照组。

3. 真空泵运行时应检查固相萃取装置、连接管路的气密性。上样过程中应保证萃取柱内液面高度高于填料高度。

七、思考与讨论

1. 调节水样 pH 的目的是什么?

2. 查阅资料,简述内标法与外标法的区别。

第三章 大气分析监测实验

实验 16　空气中 PM_{10} 和 $PM_{2.5}$ 的测定

一、实验目的

1. 掌握滤膜称重法测定 PM_{10} 和 $PM_{2.5}$ 的工作原理。

2. 掌握 PM_{10} 和 $PM_{2.5}$ 切割器及采样系统的操作方法。

二、实验原理

PM_{10} 和 $PM_{2.5}$ 是空气环境质量例行监测的必测项目。其中 PM_{10} 是指悬浮在空气中,空气动力学直径 $\leqslant 10~\mu m$ 的颗粒物;$PM_{2.5}$ 是指悬浮在空气中,空气动力学直径 $\leqslant 2.5~\mu m$ 的颗粒物。颗粒物通过呼吸进入人体肺部,在肺泡内积累,其粒径越小,进入呼吸道的位置越深,对人体健康的危害也越大。

分别通过具有一定切割特性的采样器,以恒速抽取定量体积的空气,使环境空气中的 PM_{10} 和 $PM_{2.5}$ 被截留在已知质量的滤膜上,根据采样前后滤膜的质量差和采样体积,计算出 PM_{10} 和 $PM_{2.5}$ 的质量浓度。

三、实验仪器

1. PM_{10} 切割器、采样系统:切割粒径 $Da_{50} = (10 \pm 0.5)\mu m$,捕集效率的几何标准差为 $\sigma_g = (1.5 \pm 0.1)\mu m$。

2. $PM_{2.5}$ 切割器、采样系统:切割粒径 $Da_{50} = (2.5 \pm 0.2)\mu m$,捕集效率的几何标准差为 $\sigma_g = (1.2 \pm 0.1)\mu m$。

3. 大流量流量计:量程 $0.8 \sim 1.4~m^3/min$,误差 $\leqslant 2\%$。

4. 中流量流量计:量程 $60 \sim 125~L/min$,误差 $\leqslant 2\%$。

5. 小流量流量计:量程 $< 30~L/min$,误差 $\leqslant 2\%$。

6. 滤膜:根据样品采集目的可选用玻璃纤维滤膜、石英滤膜等无机滤膜,或者聚氯乙烯、聚丙烯、混合纤维素等有机滤膜。滤膜对 $0.3~\mu m$ 标准粒子的截留效率不低于 99%。空白滤膜按实验步骤 2 进行平衡处理至恒重,称量后,放入干燥箱中备用。

7. 分析天平:感量 $0.1~mg$ 或 $0.01~mg$。

8. 恒温恒湿箱:箱内空气温度在 $15 \sim 30℃$ 范围内可调,控温精度 $\pm 1℃$,箱内空气相对湿度控制在 $50\% \pm 5\%$。

9. 干燥器。

四、实验步骤

1. 样品采集和保存

(1) 样品采集:采样时,采样器入口距地面高度不得低于 $1.5~m$。采样不宜在风速大于

8 m/s等天气条件下进行。采样点应避开污染源及障碍物。如果测定交通枢纽处的PM_{10}和$PM_{2.5}$,采样点应布置在距人行道边缘外侧 1 m 处。

采用间断采样方式测定日平均浓度时,其次数不应少于 4 次,累积采样时间不应少于 18 h。

采样时,将已称重的滤膜(预先已平衡处理至恒重)用镊子放入洁净采样夹内的滤网上,滤膜毛面朝进气方向,将滤膜牢固压紧至不漏气。采样结束后,用镊子取出,将有尘面两次对折,放入样品盒或纸袋,并做好采样记录。

采样后,滤膜样品称量按下述"2. 样品测定"进行。

(2) 样品保存:滤膜采集后,如不能立即称重,应在 4℃条件下冷藏保存。

2. 样品测定

将滤膜放在恒温恒湿箱内平衡 24 h,平衡条件为:温度取 15～30℃中任何一点,相对湿度控制在 45%～55%范围内,记录平衡温度和湿度。在上述平衡条件下,用感量为 0.1 mg 或 0.01 mg 的分析天平称量滤膜,记录滤膜质量。同一滤膜在恒温恒湿箱中相同条件下再平衡 1 h 后称重。对于 PM_{10} 和 $PM_{2.5}$ 颗粒物样品的滤膜,两次质量之差分别小于 0.4 mg 或 0.04 mg 为满足恒重要求。

将实验数据记录在表 3 - 16 - 1 中。

五、数据记录与处理

1. 实验记录

表 3 - 16 - 1　PM_{10} 和 $PM_{2.5}$ 颗粒物测定记录　　　采样日期:

序　号	样品 1	样品 2	样品 3
采样位置			
采样时段			
滤膜编号			
气温/℃			
气压/hPa			
采样流量/(m³/min)			
采样时间/min			
采样体积 V/m³			
采样前滤膜(空白滤膜)质量 m_1/g			
采样后滤膜质量 m_2/g			
PM_{10} 或 $PM_{2.5}$ 质量浓度/(mg/m³)			

2. 计算

PM_{10} 或 $PM_{2.5}$ 质量浓度,按式(3 - 16 - 1)计算:

$$\rho = \frac{m_2 - m_1}{V} \times 1\,000 \qquad\qquad (3 - 16 - 1)$$

式中　ρ——PM_{10} 或 $PM_{2.5}$ 质量浓度,mg/m³;

$\quad\quad m_2$——采样后滤膜质量,g;

$\quad\quad m_1$——采样前滤膜(空白滤膜)质量,g;

$\quad\quad V$——监测状态下采样体积,m³。

六、注意事项

1. 要经常检查采样头是否漏气。当滤膜上颗粒物与四周白边之间的界线模糊时,表明面板密封垫没有垫好或密封性能不好,应更换面板密封垫,否则测定结果将偏低。

2. 取采样后的滤膜时,应注意滤膜是否出现物理损伤,以及采样过程中是否有穿孔漏气现象,若发现有损伤、穿孔漏现象,应作废,重新采样。

3. PM_{10} 或 $PM_{2.5}$ 含量很低时,采样时间不能过短。对于感量为 0.1 mg 和 0.01 mg 的分析天平,滤膜上颗粒物负载量应分别大于 1 mg 和 0.1 mg,以减少称量误差。

七、思考与讨论

1. 什么是 PM_{10} 和 $PM_{2.5}$? 它们的主要来源是什么?

2. 请说明 PM_{10} 和 $PM_{2.5}$ 切割器的工作原理。

3. 请解释空气动力学直径和捕集效率的几何标准差概念。

4. 根据环境空气质量标准中颗粒物质量浓度限值,对照监测点颗粒物质量浓度测定结果进行评价和讨论。

实验 17　空气中氮氧化物(一氧化氮和二氧化氮)的测定

一、实验目的
1. 掌握空气采样器及吸收液采集空气样品的操作技术。
2. 掌握盐酸萘乙二胺分光光度法测定氮氧化物的原理和操作方法。
3. 学会根据监测数据和标准进行环境评价。

二、实验原理
环境空气中的氮氧化物主要以一氧化氮和二氧化氮形式存在(以 NO_2 计)。空气中的二氧化氮被串联的第一支吸收瓶中的吸收液吸收并反应生成粉红色偶氮染料。空气中的一氧化氮不与吸收液反应,它通过氧化瓶时被酸性高锰酸钾溶液氧化为二氧化氮,然后被串联的第二支吸收瓶中的吸收液吸收并反应生成粉红色偶氮染料。生成的偶氮染料在波长 540 nm 处的吸光度与二氧化氮的含量成正比。分别测定第一支和第二支吸收瓶中样品的吸光度,计算两支吸收瓶内二氧化氮和一氧化氮的质量浓度,两者之和即为氮氧化物的质量浓度(以 NO_2 计)。

$$2NO_2 + H_2O \longrightarrow HNO_2 + HNO_3$$

$$HO_3S-\!\!\left\langle\bigcirc\right\rangle\!\!-NH_2 + HNO_2 + CH_3COOH \longrightarrow [HO_3S-\!\!\left\langle\bigcirc\right\rangle\!\!-N^+\equiv N]CH_3COO^- + 2H_2O$$

$$[HO_3S-\!\!\left\langle\bigcirc\right\rangle\!\!-N^+\equiv N]CH_3COO^- + \left\langle\bigcirc\bigcirc\right\rangle\!-NHCH_2CH_2NH_2\cdot 2HCl$$

$$\longrightarrow HO_3S-\!\!\left\langle\bigcirc\right\rangle\!\!-N\!=\!N-\!\!\left\langle\bigcirc\bigcirc\right\rangle\!-NHCH_2CH_2NH_2 + CH_3COOH + 2HCl$$

氧化系数 k:空气中的一氧化氮通过酸性高锰酸钾溶液氧化后,被氧化为二氧化氮且被吸收液吸收生成偶氮染料的量与通过采样系统的一氧化氮的总量之比。

Saltzman 实验系数 f:因为 NO_2(气)并非全部转化为 NO_2^-(液),所以在计算结果时应除以转换系数 f,该系数用标准气通过实验测定,即用渗透法制备的二氧化氮校准用混合气体,在采气过程中被吸收液吸收生成的偶氮染料相当于亚硝酸根的量与通过采样系统的二氧化氮总量的比值。

三、仪器与试剂
1. 吸收瓶:可装 10 mL、25 mL 或 50 mL 吸收液的多孔玻板吸收瓶,液柱高度不低于 80 mm。使用棕色吸收瓶或采样过程中在吸收瓶外罩黑色避光罩。
2. 氧化瓶:可装 10 mL、25 mL 或 50 mL 酸性高锰酸钾溶液的洗气瓶,液柱高度不低于 80 mm。使用后用盐酸羟胺溶液浸泡洗涤。
3. 空气采样器:流量范围 0～1.0 L/min。
4. 恒温、半自动连续空气采样器:采样流量 0.2 L/min。

5. 具塞比色管：10 mL。

6. 分光光度计：具 10 mm 比色皿。

7. 硫酸溶液：$c(1/2H_2SO_4) = 1$ mol/L。取 15 mL 浓硫酸，缓慢加入 500 mL 水中，搅拌均匀，冷却备用。

8. 酸性高锰酸钾溶液：$\rho(KMnO_4) = 25$ g/L。称取 25 g 高锰酸钾于烧杯中，加入 500 mL 水，稍微加热使其全部溶解，然后加入 1 mol/L 的硫酸溶液 500 mL，搅拌均匀，贮于棕色试剂瓶中。

9. N-(1-萘基)乙二胺盐酸盐贮备液：$\rho[C_{10}H_7NH(CH_2)_2NH_2 \cdot 2HCl] = 1.00$ g/L。称取 0.50 g N-(1-萘基)乙二胺盐酸盐于 500 mL 容量瓶中，用水溶解稀释至刻度。此溶液贮于密闭的棕色瓶中，在冰箱中冷藏，可稳定保存 3 个月。

10. 显色液：称取 5.0 g 对氨基苯磺酸($NH_2C_6H_4SO_3H$)溶解于约 200 mL 40~50℃热水中，将溶液冷却至室温，全部移入 1 000 mL 容量瓶中，加入 50 mL N-(1-萘基)乙二胺盐酸盐贮备液和 50 mL 冰醋酸，用水稀释至刻度。此溶液贮于密闭的棕色瓶中，在 25℃ 以下暗处存放，可稳定保存 3 个月。若溶液呈现淡红色，应弃之重配。

11. 吸收液：使用时将显色液和水按 4:1(体积分数)比例混合，即为吸收液。吸收液的吸光度应≤0.005。

12. 亚硝酸盐标准贮备液：$\rho(NO_2^-) = 250$ μg/mL。准确称取 0.375 0 g 亚硝酸钠($NaNO_2$，优级纯，预先在 105℃烘干至恒重)溶于水，移入 1 000 mL 容量瓶中，定容，混匀。此溶液贮于密闭棕色瓶中于暗处存放，可稳定保存 3 个月。

13. 亚硝酸盐标准使用液：$\rho(NO_2^-) = 2.5$ μg/mL。准确吸取 1.00 mL 亚硝酸盐标准贮备液于 100 mL 容量瓶中，定容，混匀。临用前配制。

四、实验步骤

1. 样品采集和保存

(1) 短时间采样(1 h 以内)：取两支内装 10.0 mL 吸收液的吸收瓶和一支内装 5~10 mL 酸性高锰酸钾溶液的氧化瓶(液柱高度不低于 80 mm)，用尽量短的硅橡胶管将氧化瓶串联在两支吸收瓶之间(图 3-17-1)，以 0.4 L/min 的流量采气 4~24 L，记录采样时间，计算采样体积。

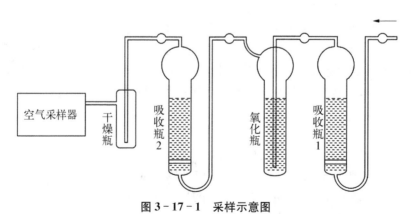

图 3-17-1 采样示意图

(2) 长时间采样(24 h)：取两支大型吸收瓶装入 25.0 mL 或 50.0 mL 吸收液(液柱高度不低于 80 mm)，标记液面位置。再取一支内装 50 mL 酸性高锰酸钾溶液的氧化瓶，将吸收液恒温在(20±4)℃,以 0.2 L/min 的流量采气 288 L。

(3) 现场空白:将装有吸收液的吸收瓶带到采样现场,除了不采样外,其他与样品在相同条件下保存、运输,直至送交实验室,与样品同时进行分析,运输过程中应注意防止污染。要求每次采样至少做 2 个现场空白试验。

(4) 样品的保存:样品采集、运输及贮存过程中避免阳光直射,样品采集后尽快分析。若不能及时测定,应将样品于低温暗处存放。样品在 30℃暗处存放,可稳定 8 h;在 20℃暗处存放,可稳定 24 h;于 0～4℃冷藏,至少可稳定 3 d。

将采样数据记录在表 3-17-2 中。

2. 校准曲线绘制

取 6 支 10 mL 具塞比色管,分别移入 0.00 mL、0.40 mL、0.80 mL、1.20 mL、1.60 mL 和 2.00 mL 的亚硝酸钠标准使用液,再分别加入 8.00 mL 显色液,加水定容。各管混匀,于暗处放置 20 min(室温低于 20℃时放置 40 min 以上),用 10 mm 比色皿,在波长 540 nm 处,以水为参比测量吸光度,以零浓度空白校正后的吸光度($A-A_0$)为纵坐标,以其对应的 NO_2^- 质量浓度($\mu g/mL$)为横坐标,绘制校准曲线,得到校准曲线方程。将实验数据及校准曲线方程记录在表 3-17-1 中。

3. 空白试验

(1) 实验室空白试验:取实验室内未经采样的空白吸收液,用 10 mm 比色皿,在波长 540 nm 处,以水为参比测定吸光度 A_b。实验室空白吸光度在显色规定条件下波动范围不超过±15%。

(2) 现场空白:同上,测定现场空白吸光度。将现场空白与实验室空白吸光度进行对照,若两者相差过大,则查找原因,重新采样。

4. 样品测定

采样后放置 20 min(室温低于 20℃时放置 40 min 以上),用水将采样瓶中吸收液的体积补充至标线,混匀。用 10 mm 比色皿,在波长 540 nm 处,以水为参比测量吸光度。若样品的吸光度超过校准曲线的上限,应用实验室空白吸收液稀释,再测定其吸光度,但稀释倍数不得大于 6。

将样品测定数据记录在表 3-17-3 中。

五、数据记录与处理

1. 绘制校准曲线实验记录

将实验数据记录在表 3-17-1 中。

表 3-17-1 亚硝酸盐校准曲线数据记录表

序　　号	0	1	2	3	4	5
亚硝酸盐标准使用液/mL	0.00	0.40	0.80	1.20	1.60	2.00
显色液/mL	8.00	8.00	8.00	8.00	8.00	8.00
水/mL	2.00	1.60	1.20	0.80	0.40	0.00
NO_2^- 质量浓度/($\mu g/mL$)	0.00	0.10	0.20	0.30	0.40	0.50
吸光度 A						
零浓度空白校正吸光度 $A-A_0$						
校准曲线方程及线性相关性系数 r						

2. 样品测定实验记录

（1）采样记录

表 3 - 17 - 2　样品采样记录表　　　　采样日期：

序　号	样品 1	样品 2	样品 3
采样位置			
采样时段			
气温/℃			
气压/hPa			
采样流量/(L/min)			
采样时间/min			
采样体积 $V_{样}$/L			
参比状态下采样体积 V_r/L			

（2）样品测定记录

表 3 - 17 - 3　样品测定记录表

序　号	吸收瓶 1	吸收瓶 2
采样用吸收液体积 V/mL		
采样后吸收瓶中样品吸光度 A_1 或 A_2		
实验室空白吸光度 A_b		
校正吸光度 $A-A_b$		
ρ_{NO} 或 ρ_{NO_2}（以 NO_2 计）/(mg/m³)		
ρ_{NO_x}（以 NO_2 计）/(mg/m³)		

3. 计算

（1）空气中二氧化氮（以 NO_2 计）的质量浓度 ρ_{NO_2}，按式（3-17-1）计算：

$$\rho_{NO_2} = \frac{(A_1 - A_b) - a}{b \times f \times V_r} \times V \qquad (3-17-1)$$

（2）空气中一氧化氮（以 NO_2 计）的质量浓度 ρ_{NO}，按式（3-17-2）计算：

$$\rho_{NO} = \frac{(A_2 - A_b) - a}{b \times f \times V_r \times k} \times V \qquad (3-17-2)$$

（3）空气中氮氧化物（以 NO_2 计）的质量浓度 ρ_{NO_x}，按式（3-17-3）计算：

$$\rho_{NO_x} = \rho_{NO_2} + \rho_{NO} \qquad (3-17-3)$$

式中　ρ_{NO_2}——空气中二氧化氮（以 NO_2 计）的质量浓度，mg/m³；

ρ_{NO}——空气中一氧化氮（以 NO_2 计）的质量浓度，mg/m³；

ρ_{NO_x}——空气中氮氧化物（以 NO_2 计）的质量浓度，mg/m³；

A_1、A_2——串联的第一支和第二支吸收瓶中样品溶液的吸光度；

A_b——实验室空白吸光度；

b——校准曲线的斜率,吸光度·mL/μg;

a——校准曲线的截距;

V——采样用吸收液体积,mL;

V_r——换算为参比状态(1 013.25 hPa,298.15 K)下的采样体积,L;

k——NO 氧化为 NO_2 的氧化系数,0.68;

f——Saltzman 实验系数,0.88(当空气中二氧化氮质量浓度高于 0.72 mg/m³时,f 取值 0.77)。

六、注意事项

1. 空气中二氧化硫质量浓度为氮氧化物质量浓度的 30 倍时,对二氧化氮的测定产生负干扰。空气中过氧乙酰硝酸酯(PAN)对二氧化氮的测定产生正干扰。空气中臭氧质量浓度超过 0.25 mg/m³时,对二氧化氮的测定产生负干扰。采样时在采样瓶入口端串接一段 15～20 cm 长的硅橡胶管,可排除干扰。

2. 吸收液应避光且不能长时间暴露在空气中,以防止光照使吸收液显色或吸收空气中的氮氧化物而使试剂空白值增高。

3. 氧化瓶中有明显的沉淀物析出时,应及时更换。

4. 在采样过程中,注意观察吸收液颜色变化,避免因氮氧化物质量浓度过高而穿透。

5. 在采样过程中,如吸收液体积缩小较显著,应用水补充至原水体积。

6. 向各管中加亚硝酸钠标准使用液时,以均匀缓慢的速度加入,校准曲线的线性较好。

七、思考与讨论

1. 如何确定本实验的合适采样时间?

2. 当空气中臭氧质量浓度超过 0.25 mg/m³时,会对二氧化氮的测定产生负干扰。那么,可采取什么措施消除干扰?

3. 根据本实验方法,如何计算空气中一氧化氮的质量浓度?

4. 根据环境空气质量标准中二氧化氮和氮氧化物的浓度限值,对照监测点二氧化氮和氮氧化物浓度测定结果进行评价和讨论。

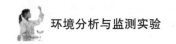

实验18　室内空气中甲醛的测定

方法一　酚试剂分光光度法

一、实验目的

1. 掌握酚试剂分光光度法测定室内空气中甲醛的分析原理和操作方法。
2. 掌握空气采样器对空气中目标污染物的采集方法。

二、实验原理

甲醛是一种无色、有强烈刺激性气味、易溶于水的气体。空气中的甲醛主要来源于建筑材料、装饰物品及生活物品。长期、低浓度接触甲醛会引起头痛、头晕、乏力、免疫力低下等症状，此外，甲醛还有致敏作用和致突变作用。

空气中的甲醛与酚试剂反应生成嗪，嗪在酸性溶液中被高铁离子氧化生成蓝绿色化合物。在波长630 nm处，分光光度计测定其吸光度，在一定浓度范围内，吸光度与甲醛浓度成正比。

三、仪器与试剂

1. 吸收瓶：10 mL多孔玻板吸收瓶。

2. 空气采样器：流量范围0～1.0 L/min。

3. 分光光度计：具10 mm比色皿。

4. 吸收液原液：$\rho=1.0$ g/L。称取0.10 g酚试剂[$C_6H_4SN(CH_3)C\ NNH_2 \cdot HCl$，简称MBTH]，加水溶解，转移至100 mL容量瓶，定容，摇匀。放冰箱中保存，可稳定3 d。

5. 吸收液：$\rho=0.05$ g/L。移取5.00 mL吸收液原液，稀释至100 mL容量瓶，即为吸收液。临用前配制。

6. 硫酸铁铵溶液：$\rho[NH_4Fe(SO_4)_2 \cdot 12H_2O]=10$ g/L。称取1.0 g十二水合硫酸铁铵[$NH_4Fe(SO_4)_2 \cdot 12H_2O$]，用0.1 mol/L盐酸溶解，并稀释至100 mL。

7. 碘溶液：$c(1/2I_2)=0.100\ 0$ mol/L。称取40 g碘化钾，溶于25 mL水中，加入12.7 g碘，待碘完全溶解后，用水定容至1 000 mL，混匀，移入棕色瓶中，暗处贮存。

8. 盐酸溶液：$c(HCl)=0.1$ mol/L。量取9 mL盐酸缓慢加入1 000 mL水中，混匀。

9. 氢氧化钠溶液：$c(NaOH)=1$ mol/L。称取40 g氢氧化钠，溶于水中，稀释至1 000 mL，混匀。

10. 硫酸溶液：$c(1/2H_2SO_4)=0.5$ mol/L。量取28 mL浓硫酸缓慢加入水中，冷却后，稀释至1 000 mL，混匀。

11. 淀粉溶液：$\rho=5$ g/L。将0.5 g可溶性淀粉，用少量水调成糊状后，再加入100 mL沸水，并煮沸至溶液透明，冷却。

12. 硫代硫酸钠标准溶液：$c(Na_2S_2O_3)\approx0.100\ 0$ mol/L。称取26 g五水合硫代硫酸钠($Na_2S_2O_3 \cdot 5H_2O$)，加0.2 g无水碳酸钠，溶于1 000 mL水中，缓缓煮沸10 min，冷却。放置2周后用4号玻璃滤锅过滤。使用前标定，标定方法见实验6。

13. 甲醛标准贮备液：$\rho(HCHO)\approx1$ mg/mL。取2.8 mL含量为36%～38%甲醛溶液，移入1 000 mL容量瓶中，定容，摇匀。

标定方法：移取20.00 mL待标定的甲醛标准贮备液，置于250 mL碘量瓶中，加入20.00 mL

碘溶液和 15 mL 氢氧化钠溶液,放置 15 min。加入 20 mL 硫酸溶液,再放置 15 min。用已标定的约 0.100 0 mol/L 硫代硫酸钠标准溶液滴定,至溶液呈现淡黄色时,加入 1 mL 淀粉溶液,滴定至蓝色刚好褪去,记录消耗硫代硫酸钠标准溶液的体积 V,重复滴定 3 次。同时用水做试剂空白滴定,记录空白滴定消耗硫代硫酸钠标准溶液的体积 V_0。

甲醛标准贮备液的浓度,按式(3-18-1)计算:

$$\rho = \frac{15.01 \times (V_0 - V) \times c}{20.00} \qquad (3-18-1)$$

式中 ρ——甲醛标准贮备溶液的浓度,mg/mL;

$\quad V_0$——试剂空白滴定消耗硫代硫酸钠标准溶液的体积,mL;

$\quad V$——标定滴定时消耗硫代硫酸钠标准溶液的体积,mL;

$\quad c$——硫代硫酸钠标准溶液的准确浓度,mol/L;

$\quad$ 15.01——甲醛(1/2HCHO)的摩尔质量,g/mol。

14. 甲醛标准使用液:$\rho(HCHO) = 1.00\ \mu g/mL$。临用时,将甲醛标准贮备液用水稀释成质量浓度为 10 $\mu g/mL$ 标准中间液,移取 10.00 mL 标准中间液于 100 mL 容量瓶中,加入 5 mL 吸收液原液,定容,摇匀。放置 30 min 后,可用于配制甲醛的标准系列。此标准溶液可稳定 24 h。

四、实验步骤

1. 样品采集和保存

取内装 5.00 mL 吸收液的吸收瓶,以 0.5 L/min 流量,采气 10 L。采样后样品在室温下应在 24 h 内分析完毕。

2. 校准曲线绘制

取 9 支 10 mL 具塞比色管,用甲醛标准使用液(1.00 $\mu g/mL$)按表 3-18-1 制备标准系列。在各管中,加入 0.4 mL 硫酸铁铵溶液(10 g/L),加水至刻度线,摇匀,放置 15 min。用 10 mm 比色皿,在波长 630 nm 处,以水为参比测量吸光度。以零浓度空白校正吸光度($A-A_0$)为纵坐标,以其对应的甲醛质量浓度($\mu g/mL$)为横坐标,绘制甲醛校准曲线,得到校准曲线方程。将实验数据及校准曲线方程记录在表 3-18-1 中。

3. 样品测定

采样后,将样品溶液全部移入比色管中,用少量吸收液洗吸收瓶,合并使总体积为 5 mL,混匀。按校准曲线绘制方法测定吸光度。

4. 空白试验

将装有吸收液的采样瓶带到采样现场,除了不采样外,其他与样品在相同条件下保存、运输,直至送交实验室,与样品同时进行分析。要求每次采样至少做 2 个现场空白试验。

将样品采集及测定实验数据记录在表 3-18-2 中。

五、数据记录与处理

1. 绘制校准曲线实验记录

表 3-18-1 甲醛校准曲线数据记录表

管　　　号	0	1	2	3	4	5	6	7	8
甲醛标准使用液体积/mL	0	0.10	0.20	0.40	0.60	0.80	1.00	1.50	2.00
吸收液体积/mL	5.0	4.9	4.8	4.6	4.4	4.2	4.0	3.5	3.0

管　　号	0	1	2	3	4	5	6	7	8
甲醛质量浓度/(μg/mL)	0.0	0.01	0.02	0.04	0.06	0.08	0.10	0.15	0.20
吸光度 A									
零浓度空白校正吸光度 $A-A_0$									
校准曲线方程及线性相关性系数 r									

2. 样品测定记录

表 3-18-2　样品采集及测定实验记录表　　　采样日期：

序　　号	样品 1	样品 2	样品 3
采样位置			
采样时段			
气温/℃			
气压/hPa			
采样流量/(L/min)			
采样时间/min			
采样体积 $V_{样}$/L			
参比状态下采样体积 V_r/L			
采样用吸收液体积 V/mL			
样品溶液吸光度 A			
空白试验吸光度 A_b			
校正吸光度($A-A_b$)			
空气中甲醛质量浓度/(mg/m³)			

3. 计算

空气中甲醛质量浓度,按式(3-18-2)计算:

$$\rho = \frac{(A-A_b)-a}{b \times V_r} \times V \qquad (3-18-2)$$

式中　ρ——空气中甲醛质量浓度,mg/m³;

　　　A——样品吸光度;

　　　A_b——空白试验吸光度;

　　　b——校准曲线的斜率;

　　　a——校准曲线的截距;

　　　V——采样用吸收液体积,mL;

　　　V_r——换算为参比状态下(1 013.25 hPa,298.15 K)的采样体积,L。

六、注意事项

1. 采样后样品在室温下应在 24 h 内分析。

2. 空气中的二氧化硫会导致测定结果偏低。

七、思考与讨论

1. 分析甲醛测定结果和环境温度的关系。

2. 简述空气和水中甲醛的主要来源以及危害。

方法二　乙酰丙酮分光光度法

一、实验目的

1. 掌握乙酰丙酮分光光度法测定室内空气中甲醛的分析原理和操作方法。

2. 掌握空气采样器对空气中目标污染物的采集方法。

二、实验原理

甲醛气体经水吸收后，在 pH＝6 的乙酸-乙酸铵缓冲溶液中，与乙酰丙酮作用，在沸水浴条件下，迅速生成稳定的黄色化合物，用分光光度计在波长 413 nm 处测定。反应式如下：

三、仪器与试剂

1. 吸收瓶：10 mL 多孔玻板吸收瓶。

2. 空气采样器：流量范围 0～1.0 L/min。

3. 分光光度计：具 10 mm 比色皿。

4. 水浴锅。

5. 吸收液：不含有机物的重蒸馏水。加少量高锰酸钾的碱性溶液于水中再进行蒸馏即得（在整个蒸馏过程中水应始终保持红色，否则应随时补加高锰酸钾）。

6. 盐酸溶液：$c(HCl)＝0.1$ mol/L。量取 9 mL 浓盐酸缓慢加入 1 000 mL 水中，混匀。

7. 氢氧化钠溶液：$c(NaOH)＝1$ mol/L。称取 40 g 氢氧化钠，溶于水中，稀释至 1 000 mL，混匀。

8. 乙酰丙酮溶液：0.25%（体积分数）。称 25 g 乙酸铵（NH_4CH_3COO），加少量水溶解，加 3 mL 冰醋酸及 0.25 mL 新蒸馏的乙酰丙酮，混匀，再加水至 100 mL，用盐酸或氢氧化钠溶液调节 pH＝6，此溶液于 2～5℃贮存，可稳定保存 1 个月。

9. 甲醛标准贮备液：$\rho(HCHO)≈1$ mg/mL。其配制和标定见酚试剂分光光度法。也可直接购买商品甲醛贮备液。

10. 甲醛标准使用液：$\rho(HCHO)＝5.00$ μg/mL。临用时，将甲醛标准贮备液用水稀释成浓度为 5.00 μg/mL 的甲醛标准使用液，2～5℃贮存，可稳定保存 1 周。

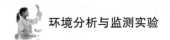
四、实验步骤

1. 样品采集和保存

取内装 5.00 mL 吸收液的吸收瓶,以 0.5 L/min 流量,采样至少 45 min。采集好的样品于 2~5℃保存,2 d 内分析完毕,以防止甲醛被氧化。

2. 校准曲线绘制

取 7 支 10 mL 具塞比色管,用甲醛标准使用溶液(5.00 μg/mL)按表 3-18-3 制备标准系列,用水稀释至 5.0 mL 标线。在各管中,加入 1.0 mL 乙酰丙酮溶液,混匀,置于沸水浴加热 3 min,取出冷却至室温。用 10 mm 比色皿,在波长 413 nm 处,以水为参比测量吸光度。以零浓度空白校正后的吸光度($A-A_0$)为纵坐标,以其对应的甲醛质量浓度(μg/mL)为横坐标,绘制甲醛校准曲线,得到校准曲线方程。将实验数据及校准曲线方程记录在表 3-18-3 中。

3. 样品测定

采样后,将样品溶液全部移入比色管中,用少量吸收液洗吸收瓶,合并使总体积为 5 mL,混匀。按校准曲线绘制步骤测定吸光度 A。

4. 空白试验

将装有吸收液的采样瓶带到采样现场,除了不采样外,其他与样品在相同条件下保存、运输,直至送交实验室,与样品同时进行分析。要求每次采样至少做 2 个现场空白试验。

将样品采集及实验测定数据记录在表 3-18-4 中。

五、数据记录与处理

1. 绘制校准曲线实验记录

表 3-18-3　校准曲线数据记录表

序　　号	0	1	2	3	4	5	6
甲醛标准使用液体积/mL	0	0.10	0.20	0.50	1.00	2.00	3.00
甲醛质量浓度/(μg/mL)	0	0.10	0.20	0.50	1.00	2.00	3.00
吸光度 A							
零浓度空白校正吸光度 $A-A_0$							
校准曲线方程及线性相关性系数 r							

2. 样品采集及测定记录

表 3-18-4　样品采集及测定数据记录表　　　　　采样日期:

样　品　名　称	样品 1	样品 2	样品 3
采样位置			
采样时段			
气温/℃			
气压/hPa			
采样流量/(L/min)			
采样时间/min			
采样体积 $V_样$/L			
参比状态下采样体积 V_r/L			

样 品 名 称	样品1	样品2	样品3
采样用吸收液体积 V/mL			
样品溶液吸光度 A			
空白试验吸光度 A_b			
校正吸光度 $(A-A_b)$			
空气中甲醛的质量浓度/(mg/m³)			

3. 计算

空气中甲醛的质量浓度,按式(3-18-3)计算:

$$\rho = \frac{(A-A_b)-a}{b \times V_r} \times V \qquad (3-18-3)$$

式中　ρ——空气中甲醛的质量浓度,mg/m³;

A——样品吸光度;

A_b——空白试验吸光度;

b——校准曲线的斜率;

a——校准曲线的截距;

V——采样用吸收液体积,mL;

V_r——换算为参比状态下(1 013.25 hPa,298.15 K)的采样体积,L。

六、注意事项

日光照射能使甲醛氧化,因此采样时选用棕色吸收瓶,在样品运输、贮存过程中,应采取避光措施。

七、思考与讨论

室内采样时,必须关闭门窗12 h以上,为什么?

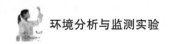

实验 19 空气中二氧化硫的测定

一、实验目的

1. 掌握溶液吸收富集方法对大气中分子态污染物的采集。

2. 掌握甲醛吸收-副玫瑰苯胺分光光度法测定大气中二氧化硫的分析原理和操作技术。

二、实验原理

甲醛缓冲溶液吸收环境空气中的二氧化硫后,生成稳定的羟甲基磺酸加成化合物。在样品溶液中加入氢氧化钠使加成化合物分解,释放出的二氧化硫与副玫瑰苯胺和甲醛作用,生成紫红色配合物,其颜色越深,说明二氧化硫含量越高,可用分光光度计在波长 577 nm 处测量吸光度。

本方法主要干扰物为氮氧化物、臭氧及某些重金属元素。加入氨基磺酸钠可消除氮氧化物的干扰,采样后放置一段时间可使臭氧自行分解,吸收液中加入磷酸及环己二胺四乙酸二钠可以消除或减少某些重金属离子的干扰。

三、仪器与试剂

1. 吸收瓶:10 mL 或 50 mL 多孔玻板吸收瓶。

2. 空气采样器:流量范围 $0\sim1.0$ L/min。

3. 恒温水浴:$0\sim40$℃。

4. 分光光度计:具 10 mm 比色皿。

5. 盐酸溶液:$1+9(V/V)$。

6. 氢氧化钠溶液:$c(NaOH)=1.50$ mol/L。称取 6.0 g NaOH,溶于 100 mL 水中。

7. 环己二胺四乙酸二钠溶液:$c(CDTA-2Na)=0.050$ mol/L。称取 1.82 g 反式-1,2 环己二胺四乙酸(CDTA),加入 6.5 mL 1.50 mol/L 氢氧化钠溶液中,用水稀释至 100 mL。

8. 甲醛缓冲吸收贮备液:量取 36%~38%甲醛溶液 5.5 mL,称取 2.04 g 邻苯二甲酸氢钾,溶于少量水中,移取 0.050 mol/L 环己二胺四乙酸二钠溶液 20.00 mL,三种溶液合并,用水稀释至 100 mL,贮于冰箱中,可稳定保存 1 年。使用时,用水稀释 100 倍。

9. 甲醛缓冲吸收液:将甲醛缓冲吸收贮备液稀释 100 倍。临用前配制。

10. 氨磺酸钠溶液:$\rho(NaH_2NSO_3)=6.0$ mg/mL。称取 0.60 g 氨磺酸(H_2NSO_3)置于烧杯中,加入 4.0 mL 1.50 mol/L 氢氧化钠溶液,搅拌至完全溶解后稀释至 100 mL,混匀。密封保存,可使用 10 天。

11. 碘贮备液:$c(1/2I_2)=0.1$ mol/L。称取 12.7 g 碘(I_2)于烧杯中,加入 40 g 碘化钾和 25 mL 水,搅拌至全部溶解后,用水稀释至 1 000 mL,贮于棕色细口瓶中。

12. 碘溶液:$c(1/2I_2)=0.01$ mol/L。量取碘贮备液 50 mL,用水稀释至 500 mL,贮于棕色细口瓶中。

13. 碘酸钾标准溶液:$c(1/6KIO_3)=0.100\ 0$ mol/L。称取 3.566 8 g 碘酸钾(优级纯,于 110℃烘干 2 h),溶解于水,移入 1 000 mL 容量瓶中,定容,混匀。

14. 淀粉溶液:$\rho=5.0$ g/L。称取 0.5 g 可溶性淀粉,用少量水调成糊状,慢慢倒入 100 mL 沸水,继续煮沸至溶液澄清,冷却后贮于试剂瓶中。

15. 硫代硫酸钠贮备液：$c(Na_2S_2O_3) \approx 0.10 \ mol/L$。称取 25.0 g 五水合硫代硫酸钠 ($Na_2S_2O_3 \cdot 5H_2O$)，溶解于 1 000 mL 新煮沸但已冷却的水中，加 0.2 g 无水碳酸钠，贮于棕色试剂瓶中，放置 1 周后标定其浓度。若溶液呈现混浊，应该过滤。

标定方法：吸取三份 0.100 0 mol/L 的碘酸钾标准溶液 20.00 mL，分别置于 250 mL 碘量瓶中，加 70 mL 新煮沸但已冷却的水和 1 g 碘化钾，振摇至完全溶解后，加 10 mL(1+9)盐酸溶液，立即盖好瓶塞，混匀。于暗处放置 5 min 后，用 0.10 mol/L 硫代硫酸钠贮备液滴定至浅黄色，加 2 mL 淀粉溶液，继续滴定至蓝色刚好褪去，滴定 3 次平行样，记录消耗硫代硫酸钠溶液的体积(V)。

硫代硫酸钠标准溶液的浓度，按式(3-19-1)计算：

$$c = \frac{0.100\ 0 \times 20.00}{V} \tag{3-19-1}$$

式中 c——硫代硫酸钠贮备液的浓度，mol/L；

V——滴定所消耗硫代硫酸钠标准溶液的体积，mL。

16. 硫代硫酸钠标准溶液：$c(Na_2S_2O_3) = 0.010\ 00 \ mol/L$。取 50.0 mL 硫代硫酸钠贮备溶液置于 500 mL 容量瓶中，用新煮沸但已冷却的水稀释定容，混匀，临用前配制。

17. 乙二胺四乙酸二钠溶液：$\rho(EDTA-2Na) = 0.50 \ g/L$。称取 0.25 g 乙二胺四乙酸二钠 ($C_{10}H_{14}N_2O_8Na_2 \cdot 2H_2O$)溶于 500 mL 新煮沸但已冷却的水中，临用前配制。

18. 亚硫酸钠溶液：$\rho(Na_2SO_3) = 1 \ g/L$。称取 0.2 g 亚硫酸钠(Na_2SO_3)，溶解于 200 mL 0.50 g/L EDTA-2Na 溶液(用新煮沸但已冷却的蒸馏水配制)，轻轻摇动(避免振荡，以防充氧)使其溶解。放置 2～3 h 后标定。此溶液相当于 320～400 μg/mL 二氧化硫。

标定方法：

(1) 取 6 个 250 mL 碘量瓶(A_1、A_2、A_3、B_1、B_2、B_3)，在 A_1、A_2、A_3 内各加入 25 mL 乙二胺四乙酸二钠溶液(0.50 g/L)作为空白样品，在 B_1、B_2、B_3 内加入 25.00 mL 亚硫酸钠溶液，再分别加入 50.0 mL 碘溶液(0.01 mol/L)和 1.00 mL 冰醋酸，盖塞，混匀。

(2) 立即吸取 2.00 mL 亚硫酸钠溶液加到一个已装有 40～50 mL 甲醛缓冲吸收贮备液的 100 mL 容量瓶中，并用甲醛缓冲吸收贮备液定容，混匀。此溶液即为二氧化硫标准贮备液。

(3) A_1、A_2、A_3、B_1、B_2、B_3 于暗处放置 5 min 后，用硫代硫酸钠溶液滴定至浅黄色，加 5 mL 淀粉溶液，继续滴定至蓝色刚好消失。

二氧化硫标准贮备液的质量浓度，按式(3-19-2)计算：

$$\rho = \frac{(V_0 - V) \times c \times 32.02 \times 1\ 000}{25.00} \times \frac{2.00}{100} \tag{3-19-2}$$

式中 ρ——二氧化硫标准贮备液的质量浓度，μg/mL；

V_0——空白滴定所消耗硫代硫酸钠标准溶液的体积，mL；

V——样品滴定所消耗硫代硫酸钠标准溶液的体积，mL；

c——硫代硫酸钠标准溶液浓度，mol/L；

32.02——二氧化硫($1/2SO_2$)的摩尔质量，g/mol。

19. 二氧化硫标准使用液：$\rho(SO_2) = 1.00 \ μg/mL$。用甲醛缓冲吸收液将二氧化硫标准贮备液稀释成每毫升含 1.0 μg 二氧化硫的标准溶液，用于绘制校准曲线。在 4～5℃下冷藏，可

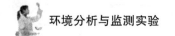

稳定保存 1 个月。

20. 盐酸溶液：1+9(V/V)。

21. 盐酸副玫瑰苯胺(paraosaniline,简称 PRA,即副品红)贮备液：ρ(PRA)=2.0 g/L。称取 0.20 g 经提纯的盐酸副玫瑰苯胺,溶解于 100 mL 盐酸溶液(1+9)中。也可直接购买。

22. 盐酸副玫瑰苯胺使用液：ρ(PRA)=0.5 g/L。吸取 25.00 mL 副玫瑰苯胺贮备液于 100 mL 容量瓶中,加 30 mL 85％的浓磷酸溶液,12 mL 的浓盐酸,用水定容,混匀。放置过夜后使用。存于暗处避光密封保存。

23. 盐酸-乙醇清洗液：由三份盐酸(1+4)和一份 95％乙醇混合配制而成,用于清洗比色管和比色皿。

四、实验步骤

1. 样品采集和保存

(1) 短时间采样：采用内装 10 mL 甲醛缓冲吸收液的多孔玻板吸收瓶,以 0.5 L/min 的流量采气 45～60 min,采样时甲醛缓冲吸收液温度保持在 23～29℃。

(2) 24 h 连续采样：用内装 50 mL 甲醛缓冲吸收液的多孔玻板吸收瓶,以 0.2 L/min 的流量连续采气 24 h,采样时甲醛缓冲吸收液温度保持在 23～29℃。

(3) 现场空白：将装有甲醛缓冲吸收液的采样瓶带到采样现场,除了不采样外,其他与样品在相同条件下保存、运输,直至送交实验室,与样品同时进行分析,运输过程中应注意防止污染。要求每次采样至少做 2 个现场空白试验。

(4) 样品的保存：样品采集、运输和贮存过程中应避免阳光直射。

2. 校准曲线绘制

取 14 支 10 mL 比色管,分为 A、B 两组,每组各 7 支,分别对应编号。按表 3-19-1 配制标准系列。

表 3-19-1 二氧化硫标准系列(A 组)

	序 号	0	1	2	3	4	5	6
A 组	二氧化硫标准使用液体积/mL	0	0.50	1.00	2.00	5.00	8.00	10.00
	甲醛缓冲吸收液体积/mL	10.00	9.50	9.00	8.00	5.00	2.00	0
	二氧化硫含量/μg	0	0.50	1.00	2.00	5.00	8.00	10.00
B 组	盐酸副玫瑰苯胺溶液体积/mL	1.00	1.00	1.00	1.00	1.00	1.00	1.00

在 A 组各管中分别加入 0.50 mL 氨基磺酸钠溶液(6 mg/mL)和 0.50 mL 氢氧化钠溶液(1.5 mol/L),混匀。

在 B 组各管中均加入 1.00 mL 盐酸副玫瑰苯胺溶液(0.5 g/L)。

将 A 组各管的溶液迅速地全部倒入对应序号的 B 管中,立即加塞混匀,放入(20±2)℃恒温水浴中显色 20 min,用 10 mm 比色皿,在波长 577 nm 处,以水为参比测定吸光度。以零浓度空白校正后的吸光度($A-A_0$)为纵坐标,以其对应的二氧化硫质量(μg)为横坐标,绘制校准曲线,得到校准曲线方程。

将实验数据及校准曲线方程记录在表 3-19-2 中。

3. 样品测定

采样后放置 20 min,以使臭氧分解。

（1）短时间采样：将吸收瓶中样品溶液移入 10 mL 比色管中，用少量甲醛缓冲吸收液洗涤吸收瓶，洗液并入比色管中，并用甲醛缓冲吸收液稀释至标线，混匀。加入 0.50 mL 6.0 mg/mL 氨磺酸钠溶液，混匀。放置 10 min 以除去氮氧化物的干扰。以下步骤同校准曲线的绘制。

（2）24 h 连续采样：将吸收瓶中样品溶液移入 50 mL 容量瓶（比色管）中，用少量甲醛缓冲吸收液洗涤吸收瓶，洗液并入容量瓶（比色管）中，并用甲醛缓冲吸收液稀释至标线，混匀。吸取适当体积的试样（视浓度高低而决定取 2～10 mL）于 10 mL 比色管中，再用吸收液稀释至标线，加入 0.50 mL 6 mg/mL 氨磺酸钠溶液，混匀。放置 10 min 以除去氮氧化物的干扰。以下步骤同校准曲线的绘制。

4. 空白试验

（1）实验室空白：取实验室内未经采样的空白吸收液，用 10 mm 比色皿，在波长 577 nm 处，以水为参比测定吸光度。

（2）现场空白：同上，测定现场空白吸光度。将现场空白与实验室空白吸光度进行对照，若两者相差过大，则查找原因，重新采样。

将样品采集及测定数据记录在表 3-19-3 中。

五、数据记录与处理

1. 绘制校准曲线实验记录

表 3-19-2　二氧化硫校准曲线数据记录表

序　　　号	0	1	2	3	4	5	6
二氧化硫标准使用液体积/mL	0	0.50	1.00	2.00	5.00	8.00	10.00
吸收液体积/mL	10.00	9.50	9.00	8.00	5.00	2.00	0
二氧化硫质量/μg	0	0.50	1.00	2.00	5.00	8.00	10.00
吸光度 A							
零浓度空白校正吸光度 $A-A_0$							
校准曲线方程及线性相关系数 r							

2. 样品测定实验数据记录

表 3-19-3　样品采集及测定数据记录表　　　　　　采样日期：

样　品　名　称	样品 1	样品 2	样品 3
采样位置			
采样时段			
气温/℃			
气压/hPa			
采样流量/(mL/min)			
采样时间/min			
采样体积 $V_{样}$/L			
参比状态下的采样体积 V_r/L			
样品溶液总体积 V/mL			
测定时所取试样体积 V_a/mL			

样 品 名 称	样品 1	样品 2	样品 3
试样溶液吸光度 A			
实验室空白吸光度 A_b			
校正吸光度 $A-A_b$			
空气中二氧化硫的质量浓度/(mg/m^3)			

3. 计算

空气中二氧化硫的质量浓度,按式(3-19-3)计算:

$$\rho = \frac{(A-A_b)-a}{b \times V_r} \times \frac{V}{V_a} \qquad (3-19-3)$$

式中　ρ——空气中二氧化硫的质量浓度,mg/m^3;

　　　V——样品溶液的总体积,mL;

　　　V_a——测定时所取试样的体积,mL;

　　　A——试样溶液的吸光度;

　　　A_b——实验室空白的吸光度;

　　　b——校准曲线的斜率;

　　　a——校准曲线的截距;

　　　V_r——换算成参比状态下(1 013.25 hPa,298.15 K)的采样体积,L。

计算结果准确至小数点后三位。

六、注意事项

1. 样品采集、运输和贮存过程中应避免阳光照射。

2. 温度对显色影响较大,温度越高,空白值越大;温度高时,显色快,褪色也快。因此用恒温水浴控制温度,并注意观察。水浴水面应超过比色管中溶液的液面高度。

3. 显色温度与室温之差不应超过 3℃。可根据季节和环境条件按表 3-19-4 选择合适的显色温度和显色时间。

表 3-19-4　显色温度与显色时间的关系

显色温度/℃	10	15	20	25	30
显色时间/min	40	25	20	15	5
稳定时间/min	35	25	20	15	10

4. 样品测定时与绘制标准工作曲线时的温度之差应不超过 2℃。

5. 若样品的吸光度超过校准曲线的上限,可用实验室空白液稀释,在数分钟内再测定其吸光度。但是稀释倍数不得大于 6。

6. 六价铬能使紫红色配合物褪色,产生负干扰,故应避免用硫酸-重铬酸盐洗液洗涤所用玻璃器皿。

7. 用过的比色管应及时用盐酸-乙醇清洗液洗涤。

七、思考与讨论

1. 为什么要标定配制的二氧化硫溶液？

2. 测定大气中的二氧化硫的方法有几种？请比较各种方法的特点。

3. 根据环境空气质量标准中二氧化硫的浓度限值，对照监测点二氧化硫浓度测定结果进行评价和讨论。

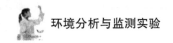

实验 20　空气中臭氧的测定　靛蓝二磺酸钠分光光度法

一、实验目的

1. 掌握空气采样器及吸收液采集空气样品的操作技术。
2. 掌握靛蓝二磺酸钠分光光度法测定臭氧的原理和操作方法。

二、实验原理

空气中的臭氧在磷酸盐缓冲液存在下,与吸收液中蓝色的靛蓝二磺酸钠等物质的量反应,褪色生成靛红二磺酸钠,在 610 nm 处测量吸光度,根据蓝色减退的程度定量空气中臭氧的质量浓度。

三、仪器与试剂

1. 空气采样器:流量范围 0~1.0 L/min。

2. 吸收瓶:10 mL 或 50 mL 多孔玻板吸收瓶。

3. 具塞比色管:10 mL,6 支。

4. 生化培养箱:温控精度±1℃。

5. 水银温度计:精度±0.5℃。

6. 分光光度计:具 20 mm 比色皿。

7. 溴酸钾标准贮备溶液:$c(1/6KBrO_3)=0.100\ 0$ mol/L。准确称取 1.391 8 g 溴酸钾(优级纯,180℃烘干 2 h),加少量水溶解,移入 500 mL 容量瓶中,定容,混匀。

8. 溴酸钾-溴化钾标准溶液:$c(1/6KBrO_5)=0.010\ 0$ mol/L。吸取 10.00 mL 溴酸钾标准贮备溶液于 100 mL 容量瓶中,加入 1.0 g 溴化钾,定容,混匀。

9. 硫代硫酸钠标准贮备溶液:$c(Na_2S_2O_3)=0.100\ 0$ mol/L。配制及标定方法详见实验 6 或实验 19。

10. 硫代硫酸钠标准使用液:$c(Na_2S_2O_3)=0.005\ 00$ mol/L。取硫代硫酸钠标准贮备溶液用新煮沸并冷却至室温的水准确稀释 20 倍,临用前配制。

11. 硫酸溶液:$1+6(V/V)$。

12. 淀粉溶液:$\rho=2.0$ g/L。称取 0.20 g 可溶性淀粉,用少量水调成糊状,慢慢倒入 100 mL 沸水,煮沸至溶液变澄清。

13. 磷酸盐缓冲溶液:$c(KH_2PO_4 - Na_2HPO_4)=0.050$ mol/L。称取 6.8 g 磷酸二氢钾(KH_2PO_4)、7.1 g 无水磷酸氢二钠(Na_2HPO_4),溶于水,稀释至 1 000 mL。

14. 靛蓝二磺酸钠($C_{16}H_8O_8Na_2S_2$,简称 IDS)标准贮备溶液:$\rho(IDS)=0.5$ g/L。称取 0.25 g 靛蓝二磺酸钠溶于水,移入 500 mL 棕色容量瓶中,定容,混匀,在室温暗处存放 24 h 后标定。此溶液在 20℃以下暗处存放可稳定 2 周。

标定方法:准确吸取 20.00 mL IDS 标准贮备溶液于 250 mL 碘量瓶中,加入 20.00 mL 溴酸钾-溴化钾标准溶液,再加入 50 mL 水,盖好瓶盖,在(16±1)℃生化培养箱中放置至溶液温度与水浴温度平衡时,加入 5.0 mL(1+6)硫酸溶液,立即盖塞,轻轻摇匀至溶解,于(16±1)℃暗处放置 35 min 后,加入 1 g 碘化钾,立即盖塞,轻轻摇匀至溶解,暗处放置 5 min,用硫代硫酸钠标准使用液滴定至棕色刚好褪去呈淡黄色,加入 5 mL 淀粉指示剂溶液,继续滴定至蓝色消退,终点为亮黄色。记录所消耗的硫代硫酸钠标准使用液的体积。

每毫升靛蓝二磺酸钠溶液相当于臭氧的质量浓度,按式(3-20-1)计算:

$$\rho = \frac{c_1 V_1 - c_2 V_2}{V} \times 12.00 \times 10^3 \qquad (3-20-1)$$

式中　ρ——每毫升靛蓝二磺酸钠溶液相当于臭氧的质量浓度,$\mu g/mL$;

　　　　c_1——溴酸钾-溴化钾标准溶液的浓度,mol/L;

　　　　V_1——加入溴酸钾-溴化钾标准溶液的体积,mL;

　　　　c_2——滴定时所用硫代硫酸钠标准使用液的浓度,mol/L;

　　　　V_2——滴定时所用硫代硫酸钠标准使用液的体积,mL;

　　　　V——IDS 标准贮备溶液的体积,mL;

　　　　12.00——臭氧的摩尔质量$(1/4O_3)$,g/mol。

15. IDS 标准使用液:$\rho(IDS)=1.00\ \mu g/mL$。将标定后的 IDS 标准贮备液用磷酸盐缓冲溶液逐级稀释成每毫升相当于 1.00 μg 臭氧的 IDS 标准使用液,此溶液于 20℃ 以下暗处可稳定 1 周。

16. IDS 吸收液:$\rho(IDS)=2.50\ \mu g/mL$ 或 $\rho(IDS)5.00\ \mu g/mL$。取适量 IDS 标准贮备液,根据空气中臭氧质量浓度的高低,用磷酸盐缓冲溶液稀释成每毫升相当于 2.50 μg(或5.00 μg)臭氧的 IDS 吸收液,此溶液于 20℃ 以下暗处可稳定保存 1 个月。

四、实验步骤

1. 样品采集和保存

移取 10.00 mL IDS 吸收液于吸收瓶中,罩上黑色避光罩,以 0.5 L/min 的流量采气 5～30 L。当 IDS 吸收液褪色约 60% 时(与现场空白样品比较),立即停止采样。样品在运输及存放过程中应严格避光。当确信空气中臭氧的质量浓度较低,不会穿透时,可以用棕色吸收瓶采样。样品于室温暗处存放至少可稳定 3 d。

2. 校准曲线绘制

取 6 支 10 mL 具塞比色管,分别移入 10.00 mL、8.00 mL、6.00 mL、4.00 mL、2.00 mL 和 0.00 mL IDS 标准使用液,再分别移入 0.00 mL、2.00 mL、4.00 mL、6.00 mL、8.00 mL 和 10.00 mL 磷酸盐缓冲溶液。各管摇匀,用 20 mm 比色皿,在波长 610 nm 处,以水为参比测量吸光度,以零浓度空白校正后的吸光度(A_0-A)为纵坐标,以其对应的臭氧质量浓度$(\mu g/mL)$为横坐标,绘制校准曲线,得到校准曲线方程。

将实验数据及校准曲线方程记录在表 3-20-1 中。

3. 样品测定

采样后,在吸收瓶的入气口端串联一个玻璃尖嘴,在吸收瓶的出气口端用洗耳球加压将吸收瓶中的样品溶液移入 25.0 mL(或 50.0 mL)容量瓶中,用水多次洗涤吸收瓶,使总体积为 25.0 mL(或 50.0 mL)。用 20 mm 比色皿,在波长 610 nm 处,以水为参比测量吸光度 A。

4. 空白试验

用同一批配制的 IDS 吸收液装入吸收瓶中,带到采样现场。除了不采样外,其他与样品在相同条件下保存、运输,直至送交实验室,与样品同时进行分析,运输过程中应注意防止污染。要求每次采样至少做 2 个现场空白试验。采用与样品测定相同方法测定现场空白吸光度 A_b。

将采样及样品测定实验数据记录在表3－20－2中。

五、数据记录与处理

1. 绘制校准曲线实验记录

表3－20－1　臭氧校准曲线数据记录表

序　号	1	2	3	4	5	6
IDS标准溶液体积/mL	10.00	8.00	6.00	4.00	2.00	0.00
磷酸盐缓冲溶液体积/mL	0.00	2.00	4.00	6.00	8.00	10.00
臭氧质量浓度/(μg/mL)	0.00	0.20	0.40	0.60	0.80	1.00
吸光度 A						
零浓度空白校正吸光度 A_0-A						
校准曲线方程及线性相关性系数 r						

2. 样品测定实验记录

表3－20－2　臭氧采样及测定数据记录表　　　　　采样日期：

样　品　名　称	样品1	样品2	样品3
采样位置			
采样时段			
气温/℃			
气压/hPa			
采样流量/(L/min)			
采样时间/min			
采样体积 $V_样$/L			
参比状态下采样体积 V_r/L			
样品溶液总体积 V/mL			
样品吸光度 A			
空白试验吸光度 A_b			
校正吸光度 A_b-A			
空气中臭氧的质量浓度/(mg/m³)			

3. 计算

空气中臭氧的质量浓度，按式（3－20－2）计算：

$$\rho = \frac{(A_b - A) - a}{b \times V_r} \times V \qquad (3-20-2)$$

式中　ρ——空气中臭氧的质量浓度，mg/m³；

　　　A_b——现场空白吸光度；

　　　A——样品的吸光度；

　　　b——校准曲线的斜率；

　　　a——校准曲线的截距；

V——样品溶液的总体积，mL；

V_r——换算为参比状态(1 013.25 hPa、298.15 K)的采样体积，L。

所得结果精确至小数点后三位。

六、注意事项

1. 空气中的二氧化氮可使臭氧的测定结果偏高，约为二氧化氮质量浓度的 6%。空气中二氧化硫、硫化氢、过氧乙酰硝酸酯(PAN)和氟化氢的质量浓度分别高于 750 $\mu g/m^3$、110 $\mu g/m^3$、1 800 $\mu g/m^3$ 和 2.5 $\mu g/m^3$ 时，干扰臭氧的测定。空气中氯气、二氧化氯的存在使臭氧的测定结果偏高。但在一般情况下，这些气体的浓度很低，不会造成显著误差。

2. 标定 IDS 标准贮备溶液时，达到平衡的时间与温差有关，可以预先用相同体积的水代替溶液，加入碘量瓶中，放入温度计观察达到平衡所需要的时间。

3. 标定 IDS 标准贮备溶液时，平行滴定所消耗的硫代硫酸钠标准使用液体积误差应不大于 0.1 mL。

4. 本方法为褪色反应，吸收液的体积直接影响测量的准确度，所以装入采样瓶中吸收液的体积必须准确。采样后向容量瓶中转移吸收液应尽量完全(少量多次冲洗)。

5. 装有吸收液的采样瓶，在运输、保存和取放过程中应防止倾斜或倒置，避免吸收液损失。

七、思考与讨论

1. 简述靛蓝二磺酸钠分光光度法测定空气中臭氧质量浓度的原理。

2. 影响靛蓝二磺酸钠分光光度法测定空气中臭氧质量浓度准确度的因素有哪些？实验过程中如何控制并减少这些影响因素。

3. 根据环境空气质量标准中臭氧的质量浓度限值，对照监测点臭氧质量浓度测定结果进行评价和讨论。

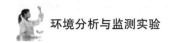

实验 21　离子色谱法测定大气降水中的氟、氯、亚硝酸盐、硝酸盐和硫酸盐

一、实验目的

1. 掌握大气降水样品的采集与保存方法。

2. 掌握离子色谱法(IC)的原理、离子色谱仪的结构和操作技术。

二、实验原理

大气降水监测的目的是了解在降雨过程中从大气中沉降到地球表面的沉降物的主要组成、性质及有关组分的含量,为分析大气污染状况和提出控制污染途径、方法提供基础资料和依据。

离子色谱是目前同时多组分分析阴离子的最佳方法,这种色谱法是以阴离子或阳离子交换树脂为固定相,电解质溶液为流动相(洗脱液)。在分离阴离子时,常用 $NaHCO_3$ - Na_2CO_3 的混合液或 Na_2CO_3 溶液作洗脱液。由于待测离子对离子交换树脂亲和力不同,致使它们在分离柱内具有不同的保留时间而得到分离。经检测器检测,得到色谱图。根据各阴离子出峰的保留时间以及峰高,可进行定性和定量测定各种阴离子。

为消除洗脱液中强电解质电导对检测的干扰,在分离柱和检测器之间串联一根抑制柱。抑制柱的化学抑制原理如下:

$$RSO_3^- H^+ + Na^+ HCO_3^- \longrightarrow RSO_3^- Na^+ + H_2CO_3$$

$$2RSO_3^- H^+ + Na_2^+ CO_3^{2-} \longrightarrow 2RSO_3^- Na^+ + H_2CO_3$$

$$RSO_3^- H^+ + Na^+ X^- \longrightarrow RSO_3^- Na^+ + H^+ X^-$$

可见,从抑制柱流出的洗脱液中的 $NaHCO_3$、Na_2CO_3 已被转变成电导值很小的 H_2CO_3,消除了本底电导的影响,而且试样阴离子 X^- 也转变成相应酸的阴离子。

三、仪器与试剂

1. 离子色谱仪。

2. 微量进样器。

3. 超纯水:电阻率≥18 $M\Omega \cdot cm$。

4. 淋洗液:按具体离子色谱柱说明配制,淋洗液应经 0.45 μm 滤膜过滤后使用。

5. 阴离子标准贮备液:$\rho = 1.00$ mg/mL。分别称取 2.210 0 g 氟化钠、1.648 0 g 氯化钠、1.814 0 g 硫酸钾(105℃烘干 2 h)、1.500 0 g 亚硝酸钠、1.630 5 g 硝酸钾(干燥器中干燥 24 h)溶于水中,分别移入 5 个 1 000 mL 容量瓶中,定容,混匀。得到五种阴离子标准贮备液,各阴离子(F^-、Cl^-、SO_4^{2-}、NO_2^-、NO_3^-)浓度均为 1.00 mg/mL。

6. 阴离子混合标准使用液:$\rho = 0.10$ mg/mL。分别移取 10.00 mL 各阴离子标准贮备液于同一个 100 mL 容量瓶中,定容,混匀。得到阴离子混合标准使用液,其中各阴离子(F^-、Cl^-、SO_4^{2-}、NO_2^-、NO_3^-)浓度均为 0.10 mg/mL。

四、实验步骤

1. 样品采集和保存

(1)采样器:降水自动采样器,或聚乙烯塑料小桶(上口直径 40 cm,高 20 cm)。使用前用

10%盐酸浸泡过夜,用自来水洗至中性,再用去离子水冲洗多次,晾干,加盖保存在清洁的橱柜内。

（2）采样器放置的相对高度应在 1.2 m 以上。

（3）每次降雨开始,立即将采样器放置在预定采样点的支架上,打开盖子开始采样,并记录时间。

（4）取每次降水的全过程样品(降水开始至结束)。采集的样品移入洁净干燥的聚乙烯塑料瓶中,密封保存。

2. 样品预处理

用孔径为 0.45 μm 的微孔滤膜除去降水样品中的颗粒物,将滤液装入干燥的塑料瓶中,待测。滤膜在使用前放入去离子水中浸泡 24 h。

3. 校准曲线绘制

分别移取 5 种阴离子混合标准使用液 0.00 mL、1.00 mL、2.00 mL、4.00 mL、6.00 mL、8.00 mL 于 6 个 100 mL 容量瓶中,用水稀释至标线,摇匀。根据实验条件,将仪器按照操作步骤调节至进样状态,待基线稳定后,注入标准系列样品,仪器记录各离子的色谱峰,并根据各阴离子质量浓度和对应的峰面积,绘制校准曲线。

将实验数据及阴离子校准曲线方程记录在表 3-21-1 中。

4. 样品测定

取预处理好的大气降水样品,按绘制校准曲线的程序注入仪器中。根据出峰的保留时间确定阴离子类型,由阴离子的校准曲线方程计算得到样品中相应的阴离子质量浓度。

将大气降水中阴离子测定实验数据记录在表 3-21-2 中。

五、数据记录与处理

1. 绘制阴离子校准曲线

表 3-21-1　绘制阴离子校准曲线记录表

序　号		1	2	3	4	5	6
混合标准使用液体积数/mL		0.00	1.00	2.00	5.00	8.00	10.00
各阴离子质量浓度/(μg/mL)		0.00	1.00	2.00	5.00	8.00	10.00
峰面积 A	F^-						
	Cl^-						
	SO_4^{2-}						
	NO_2^-						
	NO_3^-						
保留时间 t_R/min	F^-						
	Cl^-						
	SO_4^{2-}						
	NO_2^-						
	NO_3^-						
校准曲线方程及线性相关性系数 r	F^-						
	Cl^-						
	SO_4^{2-}						
	NO_2^-						
	NO_3^-						

2. 样品测定实验记录

表 3－21－2　大气降水中各阴离子测定实验记录表

样品名称		样品 1	样品 2	样品 3
峰面积 A	F^-			
	Cl^-			
	SO_4^{2-}			
	NO_2^-			
	NO_3^-			
保留时间 t_R/min	F^-			
	Cl^-			
	SO_4^{2-}			
	NO_2^-			
	NO_3^-			
大气降水中阴离子质量浓度/(mg/L)	F^-			
	Cl^-			
	SO_4^{2-}			
	NO_2^-			
	NO_3^-			

3. 计算

根据上述各阴离子校准曲线方程,大气降水中各阴离子质量浓度,按式(3－21－1)计算:

$$\rho = \frac{A-a}{b} \quad\quad (3-21-1)$$

式中　ρ——大气降水中各阴离子浓度,mg/L;

A——大气降水中各阴离子色谱峰面积;

b——校准曲线的斜率;

a——校准曲线的截距。

六、注意事项

1. 采样点应尽可能地远离局部污染源,四周应无遮挡雨、雪的高大树木或建筑物。

2. 不得在降水前打开盖子采样,以防干沉降的影响。

3. 如果一天中有几次降水过程,可合并为一个样品;若连续几天降雨,可收集上午 8：00 至次日 8：00 的降水,即 24 h 降水样品作为一个样品测定。

4. 因离子色谱柱较昂贵,所以应注意保护色谱柱,每次使用完后,用去离子水(或淋洗液)将其冲洗干净。

七、思考与讨论

1. 抑制器的种类有哪些? 说明自再生抑制器的原理。

2. 说明电导检测器作为离子色谱分析的检测器的原理。

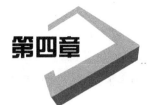

第四章 土壤及固体废弃物分析监测实验

实验 22　火焰原子吸收光谱法测定土壤中的总铬

一、实验目的

1. 了解火焰原子吸收光谱法(FAAS)的分析原理和操作技术。

2. 掌握微波消解法分解土壤样品的原理和操作技术。

二、实验原理

原子吸收光谱法(AAS),又叫原子吸收分光光度法,它是将样品中的待测元素高温原子化后,处于基态的原子吸收光源辐射出特征光谱线,使原子外层电子产生跃迁,从而产生光谱吸收,并由此测定该元素含量的方法。

由于各类土壤成土母质不同,铬含量差别很大。铬在土壤中主要以六价和三价两种形态存在,其存在形态和含量取决于土壤 pH 和污染程度等。铬的六价化合物迁移能力强,毒性和危害大于三价化合物。在一定条件下,六价和三价的铬可以相互转化。

土壤中总铬的测定,需进行土壤预处理,采用盐酸-硝酸-氢氟酸-高氯酸全分解法,破坏土壤的矿物晶格,使试样中的待测元素全部进入试液中,并在消解过程中,所有铬都被氧化成 $Cr_2O_7^{2-}$。然后,将消解液喷入富燃性空气-乙炔火焰中。在火焰的高温下,形成铬的基态原子,并对铬空心阴极灯所发射的特征谱线 357.9 nm 产生特征吸收,得到铬的吸光度。

三、仪器与试剂

1. 原子吸收光谱仪(带铬空心阴极灯)。

2. 微波加速反应系统(微波消解仪)。

3. 盐酸:$\rho(HCl)=1.19$ g/mL。

4. 氢氟酸:$\rho(HF)=1.49$ g/mL。

5. 硝酸:$\rho(HNO_3)=1.42$ g/mL。

6. 盐酸溶液:1+1(V/V)。

7. 硝酸溶液:1%(体积分数)。量取 10.0 mL 浓硝酸于 1 000 mL 容量瓶中,定容,混匀。

8. 铬标准贮备液:$\rho=1$ 000 mg/L。称取 1.000 g 金属铬(光谱纯),用 30 mL 盐酸溶液(1+1)加热溶解,冷却后用水定容至 1 000 mL,贮于聚乙烯瓶中,4℃冷藏保存。也可直接购买市售有标准证书的标准溶液。

9. 铬标准使用液:$\rho=100$ mg/L。移取 10.00 mL 铬标准贮备液于 100 mL 容量瓶中,定容,混匀。

10. 氯化铵溶液:$\rho(NH_4Cl)=100$ g/L。称取 10 g 氯化铵,用少量水溶解后全部转入 100 mL 容量瓶中,定容,混匀。

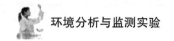

四、实验步骤

1. 样品采集和保存

将采集的土壤样品(一般不少于 500 g)混匀后用四分法缩分至 100 g。缩分后的土样经风干后,除去土样中的石子和动植物残体等异物,用于玛瑙钵研压,过 2 mm 尼龙筛(除去 2 mm 以上的沙砾),混匀。继续用玛瑙研钵将土样研磨至全部通过 100 目尼龙筛(孔径 0.149 mm),混匀,备用。

2. 微波消解法前处理土壤样品

称取 0.25 g(精确至 0.000 1 g)土壤样品于微波消解罐,用少量水润湿后,加入 6 mL 浓硝酸、3 mL 浓盐酸、2 mL 氢氟酸,使样品和消解液充分混匀,若有剧烈化学反应,待反应结束后再加盖拧紧,将消解罐装入微波消解仪中,按照表 4-22-1 的升温程序进行消解。程序结束冷却后,将溶液转移至 50 mL 聚四氟乙烯坩埚中,加入 2 mL 高氯酸,电热板温度控制在 150℃,驱赶白烟并蒸至内容物呈黏稠状,取下坩埚稍冷。加入 1‰硝酸溶液,温热溶解可溶性残渣,全量转移至 25 mL 容量瓶中,加入 3 mL 氯化铵溶液,冷却,用 1‰硝酸溶液定容,混匀,得到土壤的试样溶液。

表 4-22-1　微波消解仪的升温程序

升温时间/min	消解温度/℃	保持时间/min
7.0	室温→120	3.0
5.0	120→160	3.0
5.0	160→190	25.0

3. 校准曲线绘制

取 6 个 100 mL 的容量瓶,分别准确移入 0.00 mL、0.50 mL、1.00 mL、2.00 mL、3.00 mL、5.00 mL 铬标准使用液,再分别加入 10 mL 氯化铵溶液,用 1‰硝酸溶液加至标线,摇匀。此标准系列中铬元素的浓度见表 4-22-2。以零浓度空白校正吸光度($A-A_0$)为纵坐标,以其对应的铬质量浓度(mg/L)为横坐标,绘制校准曲线,得到校准曲线方程。

将实验数据及铬校准曲线数据记录在表 4-22-2 中。

4. 试样溶液测定

在与标准系列相同的条件下,将试样溶液直接喷入空气-乙炔火焰中,测定吸光度 A。

5. 空白试验

用纯水代替土壤样品,采用和试样溶液相同的步骤和试剂,制备全程序空白溶液,并与试样溶液相同条件下进行原子吸收光谱法测定,得到空白试验吸光度 A_b。

将样品测定数据记录在表 4-22-3 中。

五、数据记录与处理

1. 绘制校准曲线数据记录

表 4-22-2　校准曲线数据记录表

序　　号	1	2	3	4	5	6
铬标准使用液体积/mL	0	0.50	1.00	2.00	3.00	5.00
氯化铵溶液体积/mL	10.00	10.00	10.00	10.00	10.00	10.00

序 号	1	2	3	4	5	6
铬质量浓度/(mg/L)	0	0.50	1.00	2.00	3.00	5.00
吸光度 A						
零浓度空白校正吸光度 $A-A_0$						
铬校准曲线方程及线性相关性系数 r						

2. 样品测定记录

表 4-22-3 样品测定实验数据记录表

样 品 名 称	样品 1	样品 2	样品 3
土壤样品质量 m/g			
试样溶液体积/mL			
试样溶液吸光度 A			
空白试验吸光度 A_b			
校正吸光度 $A-A_b$			
试样溶液中铬的质量浓度/(mg/L)			
土壤中总铬的质量分数/(mg/kg)			

3. 计算

（1）试样溶液中铬的质量浓度，按式（4-22-1）计算：

$$\rho = \frac{(A-A_b)-a}{b} \tag{4-22-1}$$

式中 ρ——试样溶液中铬的质量浓度，mg/L；

b——校准曲线斜率；

a——校准曲线截距；

A——试样溶液吸光度；

A_b——空白试验吸光度。

（2）土壤中总铬的质量分数，按式（4-22-2）计算：

$$w = \frac{\rho \times V}{m \times (1-f)} \tag{4-22-2}$$

式中 w——土壤中总铬的质量分数，mg/kg

V——试样溶液体积，mL；

m——土壤试样的质量，g；

f——土壤样品中水分的质量分数，%。

六、注意事项

1. 样品消解时，在蒸至近干的过程中需特别小心，防止蒸干，否则待测元素会有损失。

2. 每测定 10 个待测试样要进行一次仪器零点校正，还要吸入 1.00 mg/L 的标准溶液检查仪器是否发生了变化。

3. 火焰原子吸收法的仪器条件：灯电流 9.0 mA，测定波长 357.9 nm，通带宽度 0.2 nm，火焰类型为还原性，测定时需要采用仪器背景校正功能。

4. 加入氯化铵可抑制铁、钴、镍、钒、铝、镁、铅等共存离子的干扰。

七、思考题

1. 土壤中金属含量测定时，预处理可以采用哪些方法？请做比较。

2. 火焰原子吸收光谱法测定铬元素时，为什么需使用富燃烧性火焰？

实验 23　离子选择性电极法测定土壤中的水溶性氟化物

一、实验目的

1. 掌握离子选择性电极法测定氟化物的原理和操作。

2. 掌握土壤中水溶性氟测定的样品预处理方法。

二、实验原理

土壤中过量的氟会使植物生理代谢受到抑制,引起作物减产甚至死亡。经迁移而污染水体和生物的氟,会通过食物链使动物产生氟斑牙和氟骨症。

土壤中氟可分为水溶性氟和难溶性氟,要通过不同的预处理分别测定。离子选择性电极法可对各种形态的氟快速测定。

氟电极与含氟溶液接触时,电极电位 E 随溶液中氟离子活度变化而改变,遵守能斯特(Nernst)方程。土壤中的水溶性氟化物用纯水提取,在提取液中加入总离子强度调节缓冲液(TISAB)。

在待测溶液的总离子强度为定值且足够时,氟离子选择电极的电极电位 E 与氟离子活度的对数之间符合式(4-23-1)关系:

$$E = 常数 - \frac{2.303RT}{F} \lg \alpha_{F^-} \tag{4-23-1}$$

以氟离子选择电极为指示电极,饱和甘汞电极为外参比电极,用精密离子计测定两极间的电动势,溶液中氟离子浓度的对数与电极电位呈线性关系。

Al^{3+}、Fe^{3+}、Ca^{2+}、Mg^{2+} 等金属离子易与氟离子形成配合物,对结果产生负干扰,其干扰程度取决于金属离子的种类、浓度和溶液的 pH 等。在实验条件下,加入 TISAB 可消除干扰。

三、仪器与试剂

1. 氟离子选择性电极。

2. 饱和甘汞电极。

3. 离子计(精确到 0.1 mV)。

4. 超声波清洗器:频率(40～60 kHz),温度可显示。

5. 聚乙烯瓶:100 mL。

6. 盐酸溶液:1+1(V/V)。

7. 氟标准贮备液:$\rho(F^-)=500.0$ mg/L。称取 1.105 0 g 基准氟化钠(预先在 105～110℃干燥 2 h),用水溶解后转入 1 000 mL 容量瓶中,定容,混匀,贮于聚乙烯瓶中。

8. 氟标准使用液:$\rho(F^-)=50.0$ mg/L。移取 10.00 mL 氟标准贮备液至 100 mL 容量瓶中,定容,混匀,临用前配制。

9. TISAB:$c(C_6H_5Na_3O_7 \cdot 2H_2O)=1.0$ mol/L。称取 294 g 柠檬酸三钠于 1 000 mL 烧杯中,加入约 900 mL 水溶解,用盐酸溶液(1+1)调节 pH 至 6.0～7.0,转移至 1 000 mL 容量

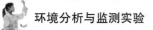

瓶中,定容,混匀,贮于聚乙烯瓶中。

四、实验步骤

1. 土壤样品制备

将土壤样品置于风干盘中,平摊成 2～3 cm 厚的薄层,先剔除植物、昆虫、石块等残体,用木棒压碎土块,每天翻动几次,自然风干。

按四分法取混匀的风干样品,研磨,过 10 目(孔径为 2 mm)筛,取粗磨样品研磨,过 100 目筛,装入聚乙烯瓶中,待测。

2. 氟离子选择性电极活化和清洗

氟电极在使用前,需先在去离子水中浸泡过夜,然后在低浓度氟化钠溶液中适应 20 min,再用去离子水充分洗涤,使其电位值达到 300 mV 以上。保证电极达到平衡(电极电位≤1 mV/min)时再进行样品测定。

3. 标准系列的氟电位测定

在 6 个 50 mL 容量瓶中分别加入氟标准使用溶液 0.10 mL、0.50 mL、1.00 mL、2.00 mL、5.00 mL、10.00 mL,各加入 10.0 mL TISAB,用去离子水稀释至刻度,混匀后,分别转移至干燥的 50 mL 烧杯中,放入搅拌子,将饱和甘汞电极和氟电极插入此溶液中,开动电磁搅拌器,连续搅拌溶液,待电位稳定(电极电位响应值波动≤0.2 mV/min)后,在继续搅拌下读取离子计显示的电位值 E。

4. 氟离子校准曲线绘制

以标准系列测得的电位 E 为纵坐标,其对应氟含量的对数 $\lg m$ 为横坐标,绘制校准曲线,得到校准曲线方程。

将实验数据及校准曲线方程记录在表 4-23-1 中。

5. 样品测定

准确称取土壤样品 5 g(准确至 0.01 g)置于 100 mL 聚乙烯瓶中,加水 50.0 mL,加盖摇匀。于 25℃水浴温度下,超声提取 30 min,静置数分钟,转移至离心管中,在转速 4 000 r/min 下离心 10 min。

准确移取适量体积的上清液于 50 mL 容量瓶中,加入 10.0 mL 总离子强度调节缓冲液,用去离子水稀释至刻度,混匀。按与标准系列方法相同步骤测定样品溶液的电位值。

将样品测定实验数据记录在表 4-23-2 中。

五、数据记录与处理

1. 绘制校准曲线实验记录

表 4-23-1　绘制氟离子校准曲线记录表

序　　号	1	2	3	4	5	6	7
氟标准溶液体积 V/mL	0	0.10	0.50	1.00	2.00	5.00	10.00
氟含量 m/μg	0	5.0	25.0	50.0	100	250	500
氟含量的对数 $\lg m$	—						
电位值 E/mV							
氟校准曲线方程及线性相关性系数 r							

2. 样品测定记录

表 4-23-2　样品中氟离子的测定记录表

样　品　名　称	样品 1	样品 2	样品 3
土壤样品质量 m_1/g			
土壤提取液总体积 V_1/mL			
测定时移取上清液的体积 V_2/mL			
样品溶液电位值 E/mV			
溶液中氟的质量 m_2/μg			
土壤中水溶性氟化物的质量分数 ω/(mg/kg)			

3. 计算

(1) 样品溶液中氟的质量,按式(4-23-2)计算:

$$m_2 = 10^{\frac{E-a}{b}} \tag{4-23-2}$$

式中　m_2——样品溶液中氟的质量,μg;

　　　E——样品溶液电位值 E,mV;

　　　b——校准曲线斜率;

　　　a——校准曲线截距。

(2) 土壤样品中水溶性氟化物(以 F^- 计)的质量分数,按式(4-23-3)计算:

$$\omega = \frac{m_2 \times V_1}{m_1 \times (1-f) \times V_2} \tag{4-23-3}$$

式中　ω——土壤中水溶性氟化物(以 F^- 计)的质量分数,mg/kg;

　　　m_1——土壤样品质量,g;

　　　m_2——样品溶液中氟的质量,μg;

　　　V_1——土壤提取液总体积,mL;

　　　V_2——测定时移取上清液的体积,mL;

　　　f——土壤样品中水分的质量分数,%。

六、思考题

1. 土壤样品中加入离子强度缓冲液起什么作用?

2. 测定土壤中各种形态的氟有什么意义? 各种形态的氟对环境的影响有什么不同?

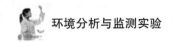

实验 24　固体废物的腐蚀性测定

一、实验目的

1. 掌握固态、半固态固体废物的浸出液的制取方法。
2. 掌握玻璃电极法测定固体废物的腐蚀性 pH。
3. 掌握危险废物腐蚀性鉴别判断的依据。

二、实验原理

固体废物是指被丢弃的固态和泥状(半固体)物质,主要有矿业固体废物、工业固体废物、城市垃圾(包括下水道污泥)、农业废物和放射性固体废物等。

固体废物腐蚀性 pH 的测定,采用玻璃电极法。在 20℃条件下,氢离子活度变化 10 倍,使电动势偏移 59.16 mV。pH 计上有温度补偿装置,可以校正温度的差异。为提高 pH 测定的准确度,校准仪器选用的标准缓冲液的 pH 应与试样的 pH 接近。

危险废物是指列入国家危险废物名录或根据国家规定的危险废物鉴别标准和鉴别方法认定的具有危险特性的废弃物。危险废物具有腐蚀性、急性毒性、浸出毒性、反应性和传染性。含水废物或本身不含水,但加入定量的水后的浸出液 pH≤2.0 或 pH≥12.5,则这种固体废物具有腐蚀性。

三、仪器与试剂

1. 混合容器:容积为 2 L 的带密封塞的高压聚乙烯瓶。
2. 振荡器:往复式水平振荡器。
3. 过滤装置:纤维滤膜孔径为 0.45 μm。
4. pH 计:精度±0.02 pH。
5. 磁力搅拌器。

四、实验步骤

1. 浸出液制取

固体试样风干预处理,磨碎后通过直径 5 mm 的筛孔,待测。

称取 100 g 试样(烘干至恒重),置于浸取用的混合容器中,加水 1 L。将浸取用的混合容器垂直固定在振荡器上,振荡频率为 110 次/min,振幅为 40 mm,在室温下振荡 8 h,静置 16 h。通过过滤装置进行固液分离,过滤后立即测定滤液的 pH。

如果固体废物中的固体含量小于 0.5%(质量分数),则不经过浸出步骤,可以直接测定溶液的 pH。

2. pH 计校准

选用与样品的 pH 不超过 2 个 pH 单位的两个标准溶液(两者相差 3 个 pH 单位)来校准仪器。用第一个标准溶液定位后,取出电极,彻底冲洗干净,用滤纸吸去水分,再浸入第二个标准溶液进行仪器校准。

3. 滤液 pH 测定

将滤液倾倒入清洁烧杯中,其液面应高于电极的敏感元件,放入搅拌子,将清洁干净的电极插入烧杯中,以缓和、固定的速率搅拌均匀,待读数稳定后,记录其 pH。反复测定 2～3 次直到 pH 变化小于 0.1 个 pH 单位。

将固体废物腐蚀性实验数据记录在表 4 - 24 - 1 中。

五、数据记录与处理

表 4 - 24 - 1　固体废物腐蚀性实验记录表

样品名称		样品 1	样品 2	样品 3
pH	平行试验 1			
	平行试验 2			
	平行试验 3			
	……			
标准差				
pH(算术平均值)				

每个样品至少做 3 个平行试验,其标准差不超过±0.15 pH,测定结果取算术平均值。

在实验过程中,请记录环境温度、样品来源、实验过程中的异常现象等。

六、思考与讨论

在平行试验测定中,标准差超过规定范围的原因有哪些? 请分析说明。

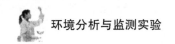

实验 25　固体废物浸出液中的重金属(镍)含量测定

一、实验目的

1. 掌握固体废物中有害物质的浸出方法。

2. 掌握原子吸收光谱法测定镍的工作原理和操作。

二、实验原理

毒性浸出实验以硝酸和硫酸混合溶液为浸提剂,模拟废物在不规范填埋处理、堆存或经无害化处理后废物的土地利用时,其中的有害组分在酸性降水的影响下,从废物中浸出而进入环境的过程。浸出实验采用规定办法浸出水溶液,然后分析浸出液中的有害成分。我国规定分析的项目主要有重金属、氟化物、氰化物、硫化物,以及有机农药类、硝基苯类化合物等。浸出液中任何一种有害成分超过允许限值,则判定该废物是具有浸出毒性的危险废物。

当含镍的试样溶液喷入空气-乙炔贫燃火焰中时,产生的镍原子蒸气会对镍空心阴极灯所发射的特征谱线(232.0 nm)产生选择性吸收。在一定条件下,吸光度与试样溶液中的镍浓度成正比,可用以测定试样中的镍含量。

三、仪器与试剂

1. 翻转式振荡器:转速为(30 ± 2)r/min。

2. 过滤装置:纤维滤膜孔径为 0.45 μm。

3. 玻璃提取瓶。

4. 原子吸收光谱仪。

5. 硝酸溶液:1%(体积分数)。量取 10.0 mL 浓硝酸于 1 000 mL 容量瓶中,加水定容,混匀。

6. 浸提剂:将质量比为 2∶1 的浓硫酸和浓硝酸混合液加入纯水中(按 1 000 mL 加入 2 滴混合液),使其 pH=3.20 ± 0.05。

7. 镍标准贮备液:$\rho(Ni)=1\,000$ mg/L。或使用市售有证书标准溶液。

8. 镍标准使用液:$\rho(Ni)=100$ mg/L。移取 10.00 mL 镍标准贮备液于 100 mL 容量瓶中,用 1%硝酸溶液稀至标线,混匀。

9. 盐酸溶液:$1+1(V/V)$。

四、实验步骤

1. 浸出液制取

称取 150 g 试样(以干基计),置于 2 L 提取瓶中,加入浸提剂 1.5 L,盖紧瓶盖后固定在翻转式振荡器上,调节转速为 30 r/min,于(23 ± 2)℃下振荡 18 h。然后通过过滤装置进行固液分离,用少量 1%稀硝酸淋洗过滤器和滤膜,过滤并收集浸出液,于 4℃下保存。

2. 浸出液消解

取 100 mL 浸出液于烧杯中,加入 0.5 mL 浓硝酸置于电热板上(在通风柜中操作),在近沸状态下蒸发至近干,冷却后,加入 0.5 mL 浓硫酸、0.5 mL 高氯酸,继续加热消解,蒸发至近干。用少量硝酸溶液$(1+1,V/V)$进行溶解,将溶液移入 100 mL 容量瓶中,少量水冲洗烧杯,洗涤水并入容量瓶中,定容,混匀。

3. 空白试验

以 100 mL 纯水代替浸出液,采用和浸出液的消解相同的步骤和试剂,做空白试验。

4. 校准曲线绘制

在 6 个 100 mL 容量瓶中,分别加入 0 mL、0.50 mL、1.00 mL、2.00 mL、3.00 mL 和 5.00 mL 镍标准使用液,用 1‰(体积分数)硝酸溶液稀释至标线,混匀。然后依次喷入原子吸收光谱仪火焰,测定吸光度。以零浓度空白校准吸光度为横坐标,以其对应的镍质量浓度为横坐标绘制校准曲线,得到校准曲线方程。

将实验数据及镍校准曲线方程记录在表 4-25-1 中。

5. 样品测定

按照标准系列的原子吸收光谱法相同的条件,测定消解后浸出液的吸光度,同时测定空白试验的吸光度。

将固废样品浸出液中镍的测定数据记录在表 4-25-2 中。

五、数据记录与处理

1. 校准曲线方程

表 4-25-1　镍校准曲线数据记录表

序　　号	1	2	3	4	5	6
镍标准使用液体积/mL	0.0	0.50	1.00	2.00	3.00	5.00
镍质量浓度/(mg/L)	0.0	0.50	1.00	2.00	3.00	5.00
吸光度 A						
零浓度空白校准吸光度 $A-A_0$						
镍校准曲线方程及线性相关系数 r						

2. 样品测定记录

表 4-25-2　固废样品浸出液中镍的测定实验数据记录表

样　品　名　称	样品 1	样品 2	样品 3
浸出液吸光度 A			
空白试验吸光度 A_b			
校正吸光度 $A-A_b$			
浸出液中镍的质量浓度/(mg/L)			

3. 计算

浸出液中镍的质量浓度,按式(4-25-1)计算:

$$\rho = \frac{(A-A_b)-a}{b} \tag{4-25-1}$$

式中　ρ——浸出液中镍的质量浓度,mg/L;

　　　a——校准曲线的截距;

　　　b——校准曲线的斜率;

　　　A——固废样品浸出液的吸光度;

　　　A_b——空白试验吸光度。

六、注意事项

1. 浸提剂的体积按液固比为 10∶1(L/kg)计算。

2. 当固体废物的干固体百分率≤9%时,应对样品进行过滤,所得滤液即为浸出液,可直接进行分析。

3. 振荡过程中有气体产生时,在通风橱中打开提取瓶,释放多余的气体,减小压力。

七、思考与讨论

1. 有哪些因素会影响危险固体废物的浸出率?

2. 查阅相关标准《危险废物鉴别标准 浸出毒性鉴别》(GB 5085.3),请列出浸出毒性鉴别标准值,同时判断本实验中浸出液的毒性。

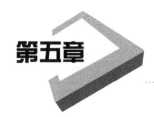

第五章　微生物及物理性污染物分析监测实验

实验 26　空气中微生物浓度的测定

一、实验目的

1. 通过实验证明并了解环境空气中存在大量微生物。

2. 学习并掌握检测空气中微生物的基本方法——沉降法。

二、实验原理

环境空气中存在种类繁多、数量庞大的微生物。空气微生物含量反映了所在区域的空气质量、空气清洁度,是空气环境污染的一个重要指标。当空气中个体微小的微生物落到适合于它们生长繁殖的固体培养基表面时,在适温下培养一段时间后,每一个分散的菌体或孢子就会形成一个细胞群,即菌落。观察大小、形态各异的菌落,就可大致鉴别空气中存在的微生物种类。

自然沉降法是空气中微生物检测常用的方法之一。它根据空气中携有微生物气溶胶粒子在地心引力的作用下,以垂直的自然方式沉降到琼脂培养基上,经过若干时间,在适宜的条件下让其繁殖到可见的菌落进行计数。沉降法一般用于检测室内环境中的微生物,其优点是操作简便,缺点是稳定性较差。

本实验采用自然沉降法采样、营养琼脂培养基培养计数的方法测定空气中的细菌总数。

三、仪器与试剂

1. 高压蒸汽灭菌锅。

2. 显微镜。

3. 生化培养箱。

4. 培养皿:直径 9 cm。

5. 培养基:营养琼脂培养基成分为蛋白胨 10 g、氯化钠 5 g、肉膏 5 g、琼脂 20 g、蒸馏水 1 000 mL。

四、实验步骤

1. 培养基制备

将 10 g 蛋白胨、5 g 氯化钠、5 g 肉膏溶于 1 000 mL 蒸馏水中,调节 pH 为 7.2～7.6,加入 20 g 琼脂,121℃、20 min 灭菌备用。

2. 采样

(1) 布点:室内面积不足 50 m² 的设置 3 个采样点,50 m² 以上的设置 5 个采样点。采样点

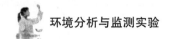

按均匀布点原则设置,室内 3 个采样点的设置在室内对角线四等分的 3 个等分点上,5 个采样点的按梅花布点。采样点距离地面高度 1.2～1.5 m,距离墙壁不小于 1 m。采样点应避开通风口、通风道等。

(2) 采样环境条件:采样时关闭房间门窗 15～30 min,记录室内人员数量、湿度、温度及天气状况等。

(3) 采样方法:将营养琼脂平板置于采样点处,打开皿盖,暴露 5 min 后盖上盖子。

将采样环境条件记录在表 5-26-1 中。

3. 对照试验

每次取一个对照皿,与采样皿相同操作但不需要暴露采样,与采样后的培养皿一起放入培养箱培养,检验培养基本身是否污染,对照皿结果应无菌落生长。

4. 检测

将采集细菌后的营养琼脂培养皿倒置于 35～37℃的恒温培养箱中培养 48 h,计数每块板上生长的菌落数,求出全部采样点的平均菌落数,检验结果以每平皿菌落数(CFU/皿)表示,同时观察微生物的菌落形态、颜色。

将空气中微生物测定结果记录在表 5-26-2 中。

五、数据记录与处理

1. 沉降法测定记录

(1) 采样环境条件记录

表 5-26-1　采样环境记录表　　　　　　　　　采样日期:

采样位置	采样点数	室内人员数	气温/℃	气压/hPa	湿度/%	备注

(2) 计沉降法测定每皿的菌落数

表 5-26-2　空气中微生物测定结果

平　皿　编　号	对照皿	1	2	3	4	5
平皿半径/cm						
采样点						
采样时间/min						
菌落数/(CFU/皿)						
菌落形态描述						
平均菌落数/(CFU/皿)						
单位体积空气中的细菌数/(CFU/m³)						

2. 计算

根据奥氏规律:5 min 内落在面积为 100 cm² 营养琼脂平板上的细菌数相当于 10 L 空气中的细菌数。则单位体积空气中的细菌数,按奥氏公式(5-26-1)计算:

$$X = N \times \frac{100}{\pi r^2} \times \frac{5}{t} \times \frac{1\,000}{10} \qquad\qquad (5-26-1)$$

式中　X——单位体积空气中的细菌数,CFU/m³;

N——测定平板的平均菌落数,CFU/皿;

r——平皿半径,cm;

t——采样时间,min。

六、注意事项

1. 采样前平皿表面必须消毒,检测用具要做灭菌处理,以确保测试的可靠性、正确性。

2. 采样时,测试人员应站在采样口的下风侧,并尽量少走动。

七、思考与讨论

1. 空气中的微生物来源有哪些?

2. 在空气中微生物的测定中,应从哪几方面确定采样点?

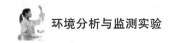

实验27　发光细菌法测定工业废水的急性毒性

一、实验目的

1. 了解发光细菌法测定工业废水急性毒性的原理。

2. 掌握发光细菌的生物毒性检测方法。

二、实验原理

生物学检测是环境样品毒性评估的重要方法之一。传统的生物学检测以水蚤、藻类或鱼类等为受试对象,这些方法虽然能反映毒物对生物的直接影响,但其最大缺点是实验周期长,实验比较烦琐。而发光细菌法作为毒性检测的生物学方法,因其具有快速、简便、灵敏、可靠、成本低等优点,近年来得到广泛应用。

发光细菌法是以发光细菌作为受试生物,根据污染物对发光细菌发光强度的抑制作用来评价其毒性效应。其原理是发光细菌在正常生理代谢条件下可自发出波长为450～490 nm的蓝绿色可见光,这种发光过程极易受到环境因素的影响。当有环境污染物存在时,它们会抑制发光反应的酶活性或抑制与发光反应有关的代谢活动,从而使发光细菌的发光强度发生变化。发光强度的变化在一定范围内与污染物的浓度和毒性具有显著的相关性,因此可以通过检测发光强度的变化,来评价污染物的毒性效应,其毒性水平可选用参比物氯化汞质量浓度(mg/L,明亮发光杆菌 T3 法)或 EC_{50} 值(半数有效浓度,以样品液百分浓度为单位)来表示。本实验采用参比物氯化汞质量浓度法来评价水质急性毒性水平。

三、仪器与试剂

1. 生物发光光度计:配置 2 mL 或 5 mL 测试管。

2. 具塞比色管。

3. 微量加液器:10 μL,20 μL,100 μL,1 mL,10 mL 等。

4. 菌种:明亮发光杆菌 T3 菌株冻干粉剂($> 4 \times 10^6$ CFU/g),封存于安瓿瓶中,每瓶0.5 g,置 2～5℃冰箱内,可保存 6 个月。

5. 氯化钠溶液: $\rho(NaCl) = 20$ g/L。称取 2.0 g 氯化钠溶于 100 mL 去离子水中,贮于试剂瓶内,2～5℃保存。

6. 氯化钠溶液: $\rho(NaCl) = 30$ g/L。称取 3.0 g 氯化钠溶于 100 mL 去离子水中,保存。

7. 氯化汞贮备液: $\rho(HgCl_2) = 2\,000$ mg/L。精确称取 0.100 0 g 无水氯化汞($HgCl_2$)溶于氯化钠溶液(30 g/L)中,再移入 50 mL 容量瓶中,用氯化钠溶液(30 g/L)定容,混匀。置 2～5℃冰箱内,可保存 6 个月。

8. 氯化汞使用液: $\rho(HgCl_2) = 2.0$ mg/L。准确吸取 10.0 mL 氯化汞贮备液,移入 1 000 mL容量瓶中,用氯化钠溶液(30 g/L)定容,混匀,得到 20 mg/L 氯化汞溶液。再准确吸取 25 mL氯化汞溶液(20 mg/L)移入 250 mL 容量瓶中,用氯化钠溶液(30 g/L)定容,混匀。

四、实验步骤

1. 采样及预处理

采集工业废水(不少于 5 L),若水中有悬浮物,在 2～5℃下离心 10 min,取上清液,置于2～5℃冰箱中保存。毒性测定一般在采样后 6 h 内进行,但不得超过 24 h。

2. 生物发光光度计预热和调零

打开生物发光光度计的电源开关,预热 15～20 min,调零,备用。

3. 发光细菌冻干菌剂复苏

打开一支明亮发光杆菌 T3 菌株冻干粉的安瓿瓶,加入 1 mL 4℃预冷的 NaCl 溶液 (20 g/L),混匀,在 4℃冰箱内放置 2 min,即可使细菌复苏,恢复菌剂发光。

4. 复苏菌发光活性检测

取一支测试管,依次加入 5 mL NaCl 溶液(30 g/L)、10 μL 的菌悬液,混匀,测发光量。如 10 min 后发光量>600 mV,则测试时每次加入 10 μL 的菌悬液;如发光量为 300～600 mV,则 测试时每次加入 20 μL 的菌悬液;如发光量<300 mV,则菌种不能使用。

5. 校准曲线绘制

在 8 个 50 mL 容量瓶中,分别移入 0 mL、0.5 mL、1.0 mL、2.0 mL、3.0 mL、4.0 mL、5.0 mL 和 6.0 mL 氯化汞使用液(2.0 mg/L),用氯化钠溶液(30 g/L)稀释至标线,得到氯化汞稀释液 标准系列溶液,其浓度分别为 0 mg/L、0.02 mg/L、0.04 mg/L、0.08 mg/L、0.12 mg/L、 0.16 mg/L、0.20 mg/L 和 0.24 mg/L,见表 5-27-1,该标准系列有效期为 24 h。

取 24 支具塞比色管,分 3 组,每组 8 支。在 0 号(对照管)～7 号管中,依次移入 5.0 mL 相 应的氯化汞稀释液标准系列溶液,再在各管中加入 10 μL 或 20 μL 复苏菌悬液,盖上瓶塞,颠 倒 5 次,混匀,开始计时,每管做 3 个平行样。15 min 后测定发光量 E,并按式(5-27-1)和式 (5-27-2)计算相对发光度及平均相对发光度,以氯化汞质量浓度(mg/L)为横坐标,其对应 的平均相对发光度 L(%)为纵坐标,绘制校准曲线,得到校准曲线方程。

将实验数据及校准曲线方程记录在表 5-27-2 中。

6. 样品测定

在待测样品中加入一定量的固体氯化钠,直至样品中氯化钠的质量浓度为 30 g/L,混匀, 再用氯化钠溶液(30 g/L)稀释成适当浓度的样品稀释溶液。在测试管中加入 5.0 mL 上述样 品稀释溶液,再加入 10 μL 或 20 μL 复苏菌悬液,混匀,15 min 后测定发光量。每个样品测 3 个平行样,同时测 3 个对照管平行样。

将样品测定结果记录在表 5-27-3 中。

五、数据记录与处理

1. 氯化汞稀释液标准系列溶液

表 5-27-1　氯化汞稀释液标准系列溶液

序　　号	0(对照组)	1	2	3	4	5	6	7
HgCl$_2$ 使用液体积/mL	0	0.5	1.0	2.0	3.0	4.0	5.0	6.0
HgCl$_2$ 质量浓度/(mg/L)	0	0.02	0.04	0.08	0.12	0.16	0.20	0.24

2. 绘制校准曲线

表 5-27-2　绘制校准曲线数据记录表

序　　号	0(对照管)	1	2	3	4	5	6	7
HgCl$_2$ 质量浓度/(mg/L)	0	0.02	0.04	0.08	0.12	0.16	0.20	0.24
发光量 E/mV								
相对发光度 L_i/%								

续　表

序　号	0(对照管)	1	2	3	4	5	6	7
平均相对发光度 $L/\%$								
校准曲线方程及线性相关性系数 r								

3. 样品毒性测定

表 5‑27‑3　样品毒性测定记录表

样品名称	对照管	样品 1	样品 2	样品 3
发光量 E/mV				
相对发光度 $L_i/\%$				
平均相对发光度 $L/\%$				
与样品发光度相当的 $HgCl_2$ 质量浓度/(mg/L)				

4. 计算

(1) 相对发光度 L_i、平均相对发光度 L,分别按式(5‑27‑1)和式(5‑27‑2)计算:

$$L_i = \frac{\text{发光量 } E}{\text{对照管发光量} E_0} \times 100\%　\qquad (5\text{‑}27\text{‑}1)$$

$$L = \frac{L_1 + L_2 + L_3}{3}　\qquad (5\text{‑}27\text{‑}2)$$

式中　L_i——相对发光度,%;

　　　E——标准系列发光量,mV;

　　　E_0——对照组发光量,mV;

　　　L——平均相对发光度,%。

(2) 以 $HgCl_2$ 质量浓度表达样品的急性毒性,与样品发光度相当的 $HgCl_2$ 质量浓度,按式(5‑27‑3)计算:

$$\rho(HgCl_2) = \frac{L - a}{b} \times D　\qquad (5\text{‑}27\text{‑}3)$$

式中　$\rho(HgCl_2)$——与样品发光度相当的 $HgCl_2$ 质量浓度,mg/L;

　　　b——校准曲线的斜率;

　　　a——校准曲线的截距;

　　　D——样品稀释倍数。

六、注意事项

1. 本实验在室温 20~25℃进行,同一批样品在测定过程中要求温度波动不超过±1℃。

2. 用氯化汞浓度表达样品毒性时,测试结果报告需同时列举样品相对发光度及与其相当的氯化汞浓度值。

3. 测定标线和所有样品时,必须使用同一管明亮发光杆菌冻干粉复苏的菌悬液。如一管不够用,可以预先将两管混匀后使用。

4. 加入复苏菌悬液的间隔时间要一致,确保每管孵育时间均为 15 min。

七、思考与讨论

1. 发光细菌实验测试结果的误差来源主要有哪些?

2. 请叙述发光细菌的生物毒性测试方法的基本原理及优点。

实验 28　环境空气中氡的测定

一、实验目的

1. 了解氡测定的基本原理,掌握测定氡气含量的基本方法。
2. 掌握测氡仪的设计原理及使用方法。

二、实验原理

氡主要来源于土壤岩石和建筑材料,危害在于它的放射性,其半衰期为 3.82 d。氡本身不稳定,能衰变为其他的放射性物质,如钋等。氡及其衰变子体在衰变过程中产生的 α 粒子会对人体肺部产生危害,诱发肺癌。近年来,氡的危害越来越引起人们的重视,因此环境空气中氡的测定很有必要。

脉冲电离室法测氡仪测量原理:空气通过扩散或气泵抽取经过滤材料进入电离室,在电离室灵敏区氡及其衰变子体衰变发出的 α 粒子使空气电离,产生大量电子和正离子,电场的作用下这些粒子向相反方向的两个不同电极漂移,在收集电极上形成电压脉冲或电流脉冲,这些脉冲经电子学测量单元放大后被记录下来,储存于连续探测器的记忆装置中,如图 5‐28‐1 所示。此方法可作瞬时测量,也可作连续测量。

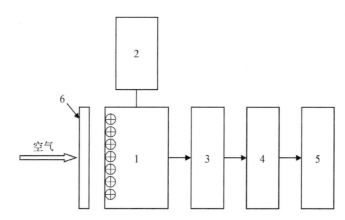

1—电离室;2—高压电源;3—放大器;4—分析器;5—计数器;6—滤膜

图 5‐28‐1　脉冲电离室结构图

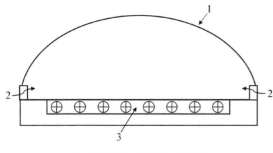

1—收集室;2—滤膜;3—探测器

图 5‐28‐2　静电收集装置结构图

静电收集法测氡仪测量原理:环境空气中的氡经过滤膜过滤掉子体后进入收集室,收集室一般为半球形或圆柱形,在中心部位装有 α 射线能谱探测器,在探测器与收集室之间加有 300～4 000 V 的负高压或上万伏的驻极体。收集室中的氡将衰变出新生氡子体(主要是带正电的 ^{218}Po),^{218}Po 在静电场的作用下被收集到探测器的表面,通过对氡子体放出的 α 粒子进行测量计算出氡浓度,如图 5‐28‐2 所示。此方法可作瞬时测量,也可作连续测量。

三、实验仪器

1. 测氡仪。

2. 温湿度计。

3. 流量计。

4. 干燥剂或干燥管。

四、实验步骤

1. 测量前检查

测量前应对仪器进行检查,如流量计的流速、电池电压、仪器参数、测量模式、时间间隔等应符合测量要求。仪器使用时应轻拿轻放。

2. 布点

(1) 室内布点

a. 在采样期间内采样器不应被扰动;

b. 采样点不要设在由于加热、空调、火炉、门、窗等引起的空气变化较剧烈的地方;

c. 采样点不应设在走廊、厨房、浴室、厕所等用水的地点;

d. 采样点应设在卧室、客厅、书房等人停留时间长的地点;

e. 若是楼房,首先在一层布点;

f. 被动式采样器要距房屋外墙 1 m 以上,最好悬挂起来。

室内空气中氡的测量基本信息记录在表 5-28-1 中。

(2) 室外布点

a. 采样点要有明显的标志,要远离公路、烟囱等污染物排放设施,地势开阔,周围 10 m 内无建筑物。

b. 不应在雨天、雨后 24 h 内或大风过后 12 h 内进行测量。

室外空气中氡的测量基本信息记录在表 5-28-2 中。

3. 测量

将仪器放置到选定的测量位置,按校准时的操作程序进行测量,若不能做 24 h 连续测量,则应在上午 8~12 时采样测量,且连续测量 2 d,测量期间应做好记录。环境空气中氡的测量结果记录于表 5-28-3 中。

五、数据记录与处理

1. 采样记录

表 5-28-1　室内环境空气中氡的测量基本信息表

采样地点	村庄(街道)		测量日期	
	房　　号		测量时间	
	户　　主		采样器类型	
气候条件	环境温度		采样器编号	
	相对湿度		其他资料	
	气　　压		采样者	

表 5－28－2　室外环境空气中氡的测量基本信息表

	采样地点		测量日期	
	天气状况		测量时间	
气候条件	环境温度		采样器类型	
	相对湿度		采样器编号	
	气　压		其他资料	
	风　速		采　样　者	

2. 测量记录

表 5－28－3　氡的测量结果记录表

序　号	测量点位置	仪器示值/(Bq/m³)	氡浓度平均值/(Bq/m³)

3. 计算

氡浓度即单位体积空气中氡的放射性活度,按式(5－28－1)计算:

$$c_{Rn} = \frac{\sum_{i=1}^{n} R \cdot k}{n} \tag{5-28-1}$$

式中　c_{Rn}——氡浓度的平均值,Bq/m³;

　　　R——仪器示值,Bq/m³;

　　　k——仪器的刻度系数;

　　　n——测量次数。

六、评价

根据我国《民用建筑工程室内环境污染控制标准》(GB 50325—2020)规定,Ⅰ类、Ⅱ类民用建筑工程室内氡浓度限制小于等于 150 Bq/m³,分析评价测量的室内氡浓度值是否符合国家标准。

七、思考与讨论

1. 环境空气中氡的测量方法有哪些?

2. 脉冲电离室法和静电收集法各有什么优缺点?

3. 如果测量室内氡浓度过高,可以采取哪些简单易行的补救措施,将室内氡浓度降到合理的水平?

实验 29　微波炉电磁辐射水平的测定与评价

一、实验目的

1. 初步了解微波炉电磁辐射水平。

2. 掌握微波炉电场强度和磁感应强度的检测方法。

二、实验原理

家用微波炉由电源、磁控管、控制电路和烹调腔等部分组成。其工作原理：电源向磁控管提供大约 4 000 V 高压,磁控管在电源激励下,将电能转变成微波,连续产生的微波经波导系统耦合到烹调腔内,并以 2 450 MHz 的振荡频率穿透食物,当微波辐射到食品上时,由于食品中含有极性分子水,其内部正负电荷中心不重合,存在偶极矩,电场会使水分子的正电荷指向同一个方向。微波电场的正负极方向每秒钟转换几十亿次,水分子也不停地随之转换方向,彼此发生碰撞,相互摩擦进而产生热量,使水温升高,食品的温度也就随之升高了。

微波炉各接缝处(箱板之间、箱板与控制面板之间等)、炉门观察窗都会产生微波泄漏,且仅对高频磁场进行屏蔽,低频磁场未进行任何防护。

监测时,由传感器探头将检测到的电磁信号先通过滤波网络,经过电压送至放大器,放大后的信号输出到模/数转换器中,转换后的数字信号输送到单片机中进行处理,最后以数字量的形式在数码管上显示出来。

三、仪器

1. 电磁辐射监测仪。

2. 微波炉。

3. 盛水容器(1 L)：绝缘材料(玻璃或塑料等)制成。

四、实验步骤

1. 布点

沿微波炉正前方距离 5 cm、30 cm、100 cm 和 200 cm 处设置监测点位。

2. 监测

(1) 将微波炉功率设置到最高,将装有 1 L 水的容器放置在微波炉的中心位置。

(2) 检查监测场所周围,确保无电磁辐射设备(实施)干扰。

(3) 记录监测现场环境温度和相对湿度。

(4) 打开电磁辐射监测仪进行监测,将监测数据记录在表 5 - 29 - 1 中。

五、数据记录与处理

1. 监测结果记录

表 5-29-1　监测结果记录表

实验条件：环境温度_____，相对湿度_____。

微波炉型号	微波功率/W	不同距离的电场强度/(V/m)				不同距离的磁感应强度/μT			
		5 cm	30 cm	100 cm	200 cm	5 cm	30 cm	100 cm	200 cm

2. 评价

参考国家标准《电磁环境控制限值》(GB 8702—2014)，对被测微波炉电磁辐射进行评价。

六、注意事项

1. 根据国家标准《电磁环境控制限值》规定，家用微波炉频段的公众暴露控制限值，如表 5-29-2 所示。

表 5-29-2　电场、磁场和电磁场的场量限值

频率范围/MHz	电场强度/(V/m)	磁场强度/(A/m)	电磁场等效平面波功率密度/(W/m²)
30~3 000	12	0.032	0.4

2. 在微波炉正常工作时间内进行测量，每个测点连续测 5 次，每次测量时间不应小于 15 s，并读取稳定状态的最大值。若测量读数起伏较大时，应适当延长测量时间。

七、思考与讨论

使用微波炉的过程中，如何避免微波炉的电磁辐射泄漏？

实验 30　移动通信基站电磁辐射环境监测方法

一、实验目的

1. 掌握移动通信基站电磁辐射的测量技术和方法。

2. 了解移动通信基站近距离区域电磁辐射的分布特征。

二、实验原理

移动通信技术给人们的生活生产带来方便的同时,基站产生的电磁辐射也给周围环境带来一定的影响,这越来越受到公众的关注。

基站的通信信号通过基站天线向外辐射,一个典型的移动基站由三组天线组成,每一组有三根,一根用于发射电磁信号,另外两根用于接收手机发出的信号。基站天线的发射功率一般为 20~60 W,相当于一个家用照明灯的功率,移动通信系统主要是以增加基站的方式来扩容。

监测仪器工作性能应满足待测电磁场的要求,能够覆盖所监测的移动通信基站的发射频率,量程、分辨率等能够满足监测要求。

根据监测目的,监测仪器可分为非选频式宽带电磁辐射监测仪和选频式电磁辐射监测仪。在进行移动通信基站电磁辐射环境监测时,采用非选频式宽带电磁辐射监测仪;在需要了解多个电磁辐射源中各个辐射源的电磁辐射贡献量时,则采用选频式电磁辐射监测仪。

三、实验仪器

1. 非选频式宽带电磁辐射监测仪

非选频式宽带电磁辐射监测仪是指,监测值为仪器频率范围内所有频率点上场强的综合值,且具有各向同性响应的电磁辐射监测仪。为了确保环境监测质量,这类仪器的电性能基本要求见表 5-30-1。

表 5-30-1　非选频式宽带电磁辐射监测仪电性能基本要求

项　　目	指　　　标	
频率响应	800 MHz~3 GHz	±1.5 dB
	<800 MHz,或>3 GHz	±3 dB
动态范围	探头的下检出限≤$1.1×10^{-4}$ W/m²(0.2 V/m) 且上检出限 ≥25 W/m²(100 V/m)	
各向同性	应对整套监测系统评估其各向同性,各向同性≤1 dB	

2. 选频式电磁辐射监测仪

选频式电磁辐射监测仪是指,能够对仪器频率范围内的部分频谱分量进行接收和处理的电磁辐射监测仪。根据具体监测需要,可选择不同量程、不同频率范围的选频式电磁辐射监测仪,这类仪器的电性能基本要求见表 5-30-2。

表 5 - 30 - 2　选频式电磁辐射监测仪电性能基本要求

项　目	指　标
测量误差	<3 dB
频率误差	<被测频率的10^{-3}数量级
动态范围	最小场强≤7×10^{-6} W/m²(0.05 V/m) 最大场强≥25 W/m²(100 V/m)
各向同性	在其测量范围内,探头的各向同性≤2.5 dB

四、实验步骤

1. 实验方案制订

(1) 收集信息:开展监测工作前,收集被测移动通信基站的基本信息,包括基站名称、运营单位、建设地点、经纬度坐标、网络制式类型、发射频率范围、天线离地高度、天线支架类型、天线数量和运行状态等。

(2) 监测因子:移动通信基站电磁辐射环境的监测因子为射频电磁场,监测参数为功率密度(或电场强度)。

(3) 监测工况:在移动通信基站正常工作时间内进行监测。

(4) 监测布点:监测布点设在以移动通信基站发射天线地面投影点为圆心,半径 50 m 为底面的圆柱体空间内有代表性的电磁辐射环境敏感目标处。

在建筑物外监测时,点位优先布设在公众日常生活或工作距离天线最近处。移动通信基站发射天线为定向天线时,点位优先布设在天线主瓣方向范围内。

建筑物内监测时,点位优先布设在朝向天线的窗口(阳台)位置,探头(天线)应在窗框(阳台)界面以内,也可选取房间中央位置。探头(天线)与家用电器等设备之间距离不小于 1 m。

(5) 监测高度:测量仪器探头(天线)距离地面(或立足平面)1.7 m。也可根据需要在其他高度监测,并在监测报告中注明。

将基站基本信息及监测条件记录在表 5 - 30 - 3 中。

2. 监测读数

在监测时,探头(天线)与操作人员躯干之间距离不小于 0.5 m,并避免或尽量减少周边偶发的其他电磁辐射源的干扰。

每个测点至少连续测 5 次,每次监测时间不少于 15 s,并读取稳定状态下的最大值。若监测读数起伏较大时,适当延长监测时间。

将现场监测数据记录在表 5 - 30 - 4 中。

五、数据记录与处理

1. 现场监测记录表

表 5 - 30 - 3　移动通信基站基本信息及监测条件信息表

基　站　基　本　信　息			
基站名称		运营单位	
建设地点		经纬度坐标	
网络制式类型		发射频率范围	
天线离地高度		天线支架类型	
天线数量		运行状态	

续　表

监　测　条　件　信　息			
监测时间		测量仪器型号	
天气状况		测量仪器编号	
环境温度		探头（天线）型号	
相对湿度		探头（天线）编号	

基站环境监测点位示意图

表5－30－4　现场监测结果记录表

基站名称						监测地点		

监　测　结　果								
序号	监测点位名称	点位与天线距离/m		监测值（单位：　）					平均值（单位：　）
		垂直	水平	1	2	3	4	5	
1									
2									
3									
4									
5									
6									
7									
8									
9									
10									
11									
12									

注：选频测量时，应记录测量频段范围等信息，保存频谱分布图。

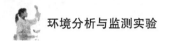

2. 数据处理

(1) 单位换算：若监测仪器读出的电场强度测量值的单位为 dB(μV/m)，可按式(5-30-1)换算成以 V/m 为单位的电场强度值：

$$E = 10^{\left(\frac{x}{20} - 6\right)} \tag{5-30-1}$$

式中　x——监测仪器的读数，dB(μV/m)；

　　　E——电场强度，V/m。

电场强度与功率密度在远区场中可按照式(5-30-2)进行换算：

$$S = \frac{E^2}{Z_0} \tag{5-30-2}$$

式中　S——功率密度，W/m²；

　　　Z_0——自由空间本征阻抗，$Z_0 = 120\pi\Omega$。

(2) 计算公式：在使用非选频式宽带电磁辐射监测仪监测时，测量数据按照式(5-30-3)处理：

$$X = \frac{1}{n}\sum_{i=1}^{n} X_i \tag{5-30-3}$$

式中　X——监测点位功率密度或电场强度测量值的平均值，W/m² 或 V/m；

　　　X_i——第 i 次功率密度或电场强度测量值，W/m² 或 V/m；

　　　n——测量次数。

在使用选频式电磁辐射监测仪监测时，测量数据按照式(5-30-4)、式(5-30-5)和式(5-30-6)处理：

$$X_i = \frac{1}{n}\sum_{j=1}^{n} X_{ij} \tag{5-30-4}$$

$$S_s = \sum_{i=1}^{m} S_i \tag{5-30-5}$$

$$E_s = \sqrt{\sum_{i=1}^{m} E_i^2} \tag{5-30-6}$$

式中　X_{ij}——监测点位某频段中频率 i 点的第 j 次功率密度或电场强度测量值，W/m² 或 V/m；

　　　X_i——监测点位某频段中频率 i 点的功率密度或电场强度测量值的平均值，W/m² 或 V/m；

　　　n——监测点位某频段中频率 i 点的功率密度或电场强度测量次数；

　　　S_s——监测点位某频段的功率密度值，W/m²；

　　　S_i——监测点位某频段中频率 i 点的功率密度测量值，W/m²；

　　　m——监测点位某频段中被测频率点的个数；

　　　E_s——监测点位某频段的电场强度值，V/m；

　　　E_i——监测点位某频段中频率 i 点的电场强度值，V/m。

3. 监测报告

将上述数据处理结果记录于表 5-30-5 中。

表 5 - 30 - 5　基站电磁辐射环境监测结果

序号	点位代号	监测点描述	点位与天线距离/m		电场强度 $E/(V/m)$	功率密度 $S/(W/m^2)$
			垂直	水平		
1						
2						
3						
4						
5						
6						
7						
8						
9						
10						
11						
12						

4. 电磁场分布图

根据需要可绘制电磁场分布图,如时间与电场强度、距离与电场强度、频率与电场强度等对应曲线,讨论电场强度随时间、距离、频率的变化特征。

六、分析与评价

对照《电磁环境控制限值》相关标准,分析所监测移动基站附近的居民所受电磁辐射程度是否符合国家标准。

七、思考与讨论

1. 进行移动通信基站电磁辐射环境监测时,应排除哪些干扰因素? 如何排除?

2. 在移动通信基站电磁辐射监测中,选取具有代表性的监测点位时,应符合哪些要求?

实验 31　校园区域环境噪声的监测与评价

一、实验目的

1. 掌握区域环境噪声监测方案的制订及监测点的布设方法。

2. 熟悉声级计的使用。

3. 掌握对非稳态的无规则噪声监测数据的处理方法。

4. 学会声环境质量的评价方法。

二、实验原理

声级计又叫噪声计,是一种用于测量声音的声压级或声级的仪器,是声学测量中最基本而又最常用的仪器。声级计一般由电容式传声器、前置放大器、衰减器、放大器、频率计权网络以及有效值指示表头等组成。

声级计的工作原理是:由传声器(也称为话筒)将声音转换成电信号,再由前置放大器变换阻抗,使传声器与衰减器匹配。放大器将输出信号加到计权网络,对信号进行频率计权(或外接滤波器),然后再经衰减器及放大器将信号放大到一定的幅值,送到有效值检波器(或外按电平记录仪),在指示表头上给出噪声声级的数值。

A 声级:用 A 计权网络测得的声压级,用 L_A 表示,单位 dB(A)。

等效连续 A 声级:简称为等效声级,指在规定测量时间 T 内 A 声级的能量平均值,用 $L_{Aeq,T}$ 表示(简写为 L_{eq}),单位 dB(A)。

根据定义,等效声级按式(6-31-1)表示:

$$L_{eq} = 10 \lg\left(\frac{1}{T}\int_0^T 10^{0.1L_A}\,dt\right) \qquad (6-31-1)$$

式中　L_A——t 时刻的瞬时 A 声级;

　　　　T——规定的测量时间段。

背景噪声(background noise):被测量噪声源以外的声源发出的环境噪声的总和。

三、仪器和测量条件

1. 声级计:精度为 2 型或 2 型以上的积分平均声级计或环境噪声自动监测仪器,测量前后进行校准。

2. 气象条件:测量应在无雨雪、无雷电天气,风速为 5 m/s 以下时进行。不得不在特殊气象条件下测量时,应采取必要措施保证测量的准确性,同时注明当时所采取的措施及气象情况。风力在 3 级以上时传声器必须加防风罩,以免风噪声干扰,5 级以上应停止测量。

3. 测量工况：测量应在被测声源正常工作时间进行，同时注明当时的工况。

4. 采样点布设原则：一般户外应在距离任何反射物（地面除外）至少 3.5 m 外测量，传声器距离地面高度 1.2 m 以上。必要时可将传声器置于高层建筑上，以扩大监测受声范围。监测点在噪声敏感建筑物户外时，传声器应距墙壁或窗户 1 m 处，距地面高度 1.2 m 以上。

四、实验步骤

1. 监测方案制订

(1) 区域监测点位设置（布点方法）：查找或绘制校园平面布置图，采用网格布点法将校园区划分为 10×10 的网格，有效网格总数应大于 100 个。

(2) 在每一个网格的中心布设 1 个监测点位，若网格中心点不宜测量，可将监测点位移到距离中心点最近的可测量位置进行测量。同时，将监测点标注在校园平面图中，绘制监测布点图。

(3) 确定监测时间、监测频率和监测量。

(4) 根据监测内容设计相关的实验记录表格，包括原始记录表、数据处理表和评价结果表等。

(5) 确定人员分工、分组，确定监测数据的收集、汇总、处理方法、评价方法等。

2. 测量

(1) 每 2 人一组，每组配置一台声级计，按顺序到监测方案布设的各监测点进行测量。各监测点分别测昼间和夜间的噪声，全体人员分工合作，数据共享。

(2) 声级计使用方法：按一下开机键约 1 s 后放开，仪器上的液晶显示器全部点亮，2 s 后就可正常使用。如果显示不正常，可再按一下仪器侧面的"Reset"键，这时仪器上显示的数值就是瞬时 A 声级。

(3) 读数方式用慢挡，每个监测点测量 10 min 的等效连续 A 声级（100 个以上），记录读数的同时，判断和记录测量点附近声环境特点、主要噪声源（如交通噪声、施工噪声、生活噪声等）和天气条件。

将监测数据记录在表 6-31-1 中。

五、数据记录与处理

1. 监测数据记录

表 6-31-1 校园噪声现场监测原始记录

网格代码	监测点名称	噪声值	备 注

2. 数据处理

(1) 各测点等效声级 L_{eq} 的计算：将各测量点每一次测量的 100 个瞬时噪声值从大到小排列并列于表 6-31-2 中。从表 6-31-2 可得到累积百分声级 L_{10}、L_{50}、L_{90}，按式（6-31-2）计算各个监测点的等效声级 L_{eq}，并将计算结果汇总于表 6-31-3 中。

$$L_{eq} \approx L_{50} + \frac{d^2}{60}, \quad d = L_{10} - L_{90} \tag{6-30-2}$$

式中　L_{10}——在测量时间内,10％的时间超过的 A 声级,相当于 A 声级的峰值;

　　　L_{50}——在测量时间内,50％的时间超过的 A 声级,相当于 A 声级的平均值;

　　　L_{90}——在测量时间内,90％的时间超过的 A 声级,相当于 A 声级的本底值。

表 6 - 31 - 2　各监测点噪声瞬时值由大到小排序

网格代码	噪声值(由大到小排序)	网格代码	噪声值(由大到小排序)

表 6 - 31 - 3　各监测点噪声监测结果汇总

网格代码	测点名称	L_{eq}	L_{10}	L_{50}	L_{90}	备　注

　　(2) 计算校园区域环境噪声总体水平:将校园区域全部网格测点测得的等效声级分昼间和夜间,按式(6-31-3)计算算术平均值,所得到的昼间平均等效声级 $\overline{S_d}$ 和夜间平均等效声级 $\overline{S_n}$ 代表校园区域昼间和夜间的环境噪声总体水平。

$$\overline{S} = \frac{1}{n} \sum_{i=1}^{n} L_i \qquad (6-31-3)$$

式中　$\overline{S}$——校园区域昼间平均等效声级($\overline{S_d}$)或夜间平均等效声级($\overline{S_n}$),dB(A);

　　　L_i——第 i 个监测点测得的等效声级,dB(A);

　　　n——有效网格总数。

六、校园声环境质量评价

1. 校园声环境噪声达标分析及评价

根据国家《声环境质量标准》(GB 3096—2008),按区域的使用功能特点和环境质量要求,声环境功能区可分为五种类型,各类声环境功能区适用表 6 - 31 - 4 规定的环境噪声等效声级限值。针对校园所在地声环境功能区划,确定校园属几类区,应执行几类标准,分别将各监测点的监测结果和校园声环境算术平均值与标准值对照,判断各监测点和校园声环境是否达标。若不达标,则需分析原因,并提出合理化的改进措施。

表 6 - 31 - 4　环境噪声限值　　　　　　　　　　单位:dB(A)

声环境功能区类别	时　段	
	昼　间	夜　间
0 类	50	40
1 类	55	45

续　表

声环境功能区类别		时　　段	
		昼　间	夜　间
2类		60	50
3类		65	55
4类	4a类	70	55
	4b类	70	60

2. 校园环境噪声总体水平评价

按式(6-31-3)计算,得到的校园昼间平均等效声级 $\overline{S_d}$ 和夜间平均等效声级 $\overline{S_n}$,参照《环境噪声监测技术规范　城市声环境常规监测》(HJ 640—2012)推荐的城市区域环境噪声总体水平等级划分方法(表6-31-5),划分校园的环境噪声水平。

表6-31-5　城市区域环境噪声总体水平等级划分　　　　单位：dB(A)

等　　级	一级	二级	三级	四级	五级
昼间平均等效声级($\overline{S_d}$)	≤50.0	50.1~55.0	55.1~60.0	60.1~65.0	>65.0
夜间平均等效声级($\overline{S_n}$)	≤40.0	40.1~45.0	45.1~50.0	50.1~55.0	>55.0

注：城市区域环境噪声总体水平等级"一级"至"五级",分别对应评级为"好""较好""一般""较差""差"。

七、思考与讨论

1. 噪声测定监测点布设的原则是什么?

2. 使用声级计测量噪声时,应在什么样的气象条件下进行测定?

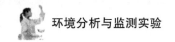

实验 32　校园污水站处理效果的监测与评价

一、实验目的

1. 掌握确定监测点位和监测项目的方法。

2. 能够利用环境监测基本原理,设计出可完成监测水样的诸多项目监测的实验方案。

3. 能够依据相关排放标准,评价污水站处理效果和达标情况。

二、监测方案的制订

1. 污水站基础资料的收集

收集污水站的规模、主体工艺和主要构筑物位置等资料。

收集以往污水站的水质监测资料。

根据污水站排入地表水域环境功能和保护目标及处理工艺,确定污水站的标准分级。

2. 监测点的设置

根据《城镇污水处理厂污染物排放标准》(GB 18918—2002)的要求,确定污水站的进水水质和出水水质的监测点。

3. 监测项目的确定

根据《城镇污水处理厂污染物排放标准》中所列的水污染排放基本控制项目,确定本实验中的水质监测项目,并列于表 6-32-1 中。

表 6-32-1　水质分析监测项目表

编　号	分 析 项 目	监 测 理 由	标准限值(日均值)
1	化学需氧量 COD_{Cr}		
2	五日生化需氧量 BOD_5		
3	悬浮物		
4	动植物油		
⋮			

4. 采样时间和频率的确定

采样频率为至少每 2 h 一次,取 24 h 混合样,以日均值计。

三、水质分析

1. 分析方法的选择

实验的目的在于培养学生用所学的理论知识来解决实际问题的能力,因此要求学生在明确分析目的和要求后,通过查阅资料选择分析方法。主要参考和查阅的是国标(GB)和环境标准规范(HJ)等(表 6-32-2)。

2. 水质分析的实验数据

将实验数据记录在表 6-32-3 中。

表 6 - 32 - 2　监测项目的分析方法选择

编　号	分　析　项　目	分　析　方　法	方　法　来　源
1	化学需氧量 COD_{Cr}	重铬酸钾法	HJ 828—2017
2	五日生化需氧量 BOD_5		
3	悬浮物		
4	动植物油		
⋮			

表 6 - 32 - 3　水质分析数据

编　号	分　析　项　目	进水水样的测定值	出水水样的测定值
1	化学需氧量 COD_{Cr}/(mg/L)		
2	五日生化需氧量 BOD_5/(mg/L)		
3	悬浮物质量浓度/(mg/L)		
4	动植物油类质量浓度/(mg/L)		
⋮			

四、污水站处理效果评价

根据实验室对水样的水质分析结果,研究数据的有效性,依据《城镇污水处理厂污染物排放标准》,判断污水站设施的处理效果,并评价是否达到排放要求或设计要求。

五、注意事项

1. 认真做好实验数据的记录。原始数据是审查分析工作的基本依据,为防遗漏,便于查阅,可按一定规格列表记录。所得分析数据,应按数理统计方法处理,并能正确表示实验结果。应该明确,对一次处理的试样,无论平行测定多少份,所得分析结果只能代表一次测定。

2. 完整实验报告包括:监测小组成员、现场调查和资料收集、监测方案、方案实施情况、水质报告和评价结论等。

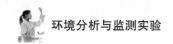

实验 33 石墨炉原子吸收光谱法测定 大气降水中的镉

一、实验目的

1. 掌握石墨炉原子吸收光谱法工作原理和操作。

2. 掌握石墨炉原子吸收光谱法测试条件的优化。

二、实验原理

以加入镉标准溶液的大气降水为研究对象,注入石墨炉原子化器中,经过干燥、灰化和原子化,形成的基态原子对 228.8 nm 波长的光有特征吸收,产生的吸光度与镉的质量浓度成正比。

在石墨炉原子吸收分析中,为了增加待测样品溶液基体的挥发性,或提高待测易挥发元素的稳定性,会在待测样品溶液中加入基体改进剂,以允许提高灰化温度而消除或减小基体干扰。

在保证被测元素没有损失的前提下,应尽可能地使用较高的灰化温度。原子化温度的选择的原则是,选择达到最大吸收信号的最低温度,这样可以延长石墨管的使用寿命,同时保证足够的方法灵敏度。因此,选择合适的原子化温度和灰化温度在石墨炉原子吸收光谱法中极为重要。

三、仪器与试剂

1. 原子吸收光谱仪。

2. 镉空心阴极灯。

3. 磷酸二氢铵:0.05%(质量分数)。称取 0.05 g 的磷酸二氢铵($NH_4H_2PO_4$)溶解于 100 mL 水中。

4. 硫酸铵:0.05%(质量分数)。称取 0.05 g 的硫酸铵$[(NH_4)_2SO_4]$溶解于 100 mL 水中。

5. 硝酸镁:0.05%(质量分数)。称取 0.05 g 的硝酸镁$[Mg(NO_3)_2]$溶解于 100 mL 水中。

6. 硝酸溶液:0.5%(体积分数)。量取 5 mL 浓硝酸,缓缓注入 1 000 mL 水中,混匀。

7. 硝酸溶液:1+1(V/V)。

8. 镉标准贮备液:$\rho(Cd)=1\,000\ \mu g/L$。市售有证书标准溶液。

9. 镉标准使用液:$\rho(Cd)=100\ \mu g/L$。移取 10.00 mL 镉标准贮备液于 100 mL 容量瓶中,用 0.5%硝酸溶液定容,混匀。

10. 高纯水:电导率小于 0.1 $\mu s/cm$。

四、实验步骤

1. 采样

(1) 采样器:降水自动采样器,或聚乙烯塑料小桶(上口直径 40 cm,高 20 cm)。使用前用 10%盐酸浸泡过夜,用自来水洗至中性,再用去离子水冲洗多次,晾干,加盖保存在清洁的橱柜内。

(2) 采样器放置的相对高度应在 1.2 m 以上。

(3) 每次降雨开始,立即将采样器放置在预定采样点的支架上,打开盖子开始采样,并记录时间。

(4) 取每次降水的全过程样品(降水开始至结束)。采集的样品移入洁净干燥的聚乙烯塑料瓶中,密封保存。

2. 加标样品准备

移取 3.00 mL 镉标准使用液于 100 mL 容量瓶中,加入 1.0 mL 硝酸溶液(1+1),用采集好的大气降水待测样品稀释至标线,摇匀。

3. 基体改进剂及灰化温度选择

在 20 μL 样品中,分别加入 5 μL 基体改进剂(磷酸二氢铵、硫酸铵和硝酸镁),原子化温度设置为 1 300℃,分别在灰化温度为 200℃、300℃、500℃、600℃、700℃、800℃ 和 900℃ 下,测定加标样品的吸光度,记录相应的峰图(含有背景吸收峰和 Cd 信号峰)。同时进行不加基体改进剂的对照实验。

4. 原子化温度优化

固定上一个实验确定的基体改进剂和灰化温度,改变原子化温度,分别在 900℃、1 000℃、1 100℃、1 200℃、1 300℃ 和 1 400℃,测定加标样品的吸光度。

五、数据记录与处理

1. 基体改进剂的选择以及灰化温度的选择

将实验数据记录在表 6-33-1 中,根据表中数据绘制不同基体改进剂在不同灰化温度下的吸光度图,并结合不同实验条件下的峰图,判断和选择适合大气降水样品的最佳基体改进剂和相应的最佳灰化温度,并详细说明理由。

表 6-33-1　基体改进剂的选择以及灰化温度的选择数据记录表

基体改进剂	灰化温度/℃	200	300	500	600	700	800	900
无基体改进剂（对照实验）	吸光度 A							
	峰图							
磷酸二氢铵	吸光度 A							
	峰图							
硝酸镁	吸光度 A							
	峰图							
硫酸铵	吸光度 A							
	峰图							

2. 原子化温度的优化

将实验数据记录在表 6-33-2 中,根据表中数据绘制不同原子化温度的吸光度图,由此判断和确定最佳原子化温度,并详细说明理由。

表 6-33-2　原子化温度的优化数据记录表

原子化温度/℃	900	1 000	1 100	1 200	1 300	1 400
吸光度 A						
峰图						

六、思考与讨论

1. 在石墨炉原子吸收光谱法中,基体改进剂起什么作用?

2. 如何通过含有背景吸收峰和镉的信号峰的峰图来判断实验效果?

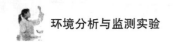

实验 34   基于无人机技术的校园区域空气 PM$_{2.5}$ 监测

一、实验目的

1. 掌握无人机技术检测大气 PM$_{2.5}$ 的工作原理。

2. 了解 PM$_{2.5}$ 的垂直分布特征。

二、实验原理

传统大气污染物观测主要是借助近地面监测系统,而近地面布点的监测方式一直以来都是大气污染研究的常规手段。该方式能获取近地面气象参数及各种污染物的浓度数据,但受限于站点数量,不能满足区域大气污染物浓度的空间分辨率要求。同时,地面监测系统无法获取污染物的垂直输送与转化特征,对于研究污染物区域输送的相互影响存在较多的局限性。

通过采用无人机技术对大气污染物进行监测可以很好地解决上述问题。无人机技术对 PM$_{2.5}$ 进行监测是以无人机为载体,搭载便携式 PM$_{2.5}$ 检测器,从而快速获得某区域内 PM$_{2.5}$ 空间分布特征的技术。本实验中用到的便携式 PM$_{2.5}$ 检测器使用光散射光度计检测技术实时计算气溶胶的质量浓度,其工作原理见图 6-34-1。在一个连续的流体场中,气溶胶被吸入检测室,并被一小束激光照射。气溶胶流中的颗粒向各个方向散射光。集光镜片与气溶胶流和激光束呈 90°,采集部分散射光并将其聚焦到一个光电检测器上,随后检测电路将光散射强度转换成电压。该电压和光散射强度直接成正比关系,而光散射强度与气溶胶质量浓度也是直接成正比关系的。由处理器读取的电压值乘以一个内置的校准常数,以产生出厂校准的质量浓度。

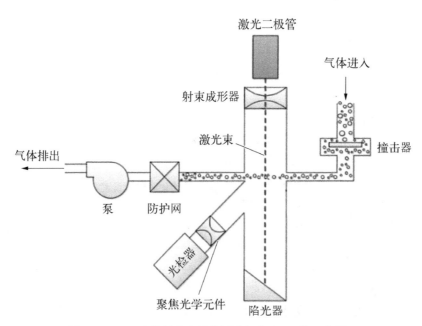

图 6-34-1   光散射光度计检测空气中 PM$_{2.5}$ 的工作原理

三、仪器和测量条件

1. 无人机：六旋翼无人机，最大飞行高度可达 1 500 m。

2. 颗粒物传感器：测量范围 1～100 $\mu g/m^3$，分辨率 1 $\mu g/m^3$，数据采集间隔 1 s。

3. 气象条件：测量时应避开雨雪、雷电、雾霾天气，同时，避开高温和低温天气，风速小于 7 m/s。

四、实验步骤

1. 监测方案制订

（1）收集资料：查找或绘制校园平面布置图，在平面图上详细标注各部分的道路及建筑物信息，建筑物信息包括建筑物的名称、用途、高度等；同时，收集学校区域的历史气象数据及历史监测数据等。

（2）监测点位设置：根据校园平面布置图，采用网格布点法将校园区划分为 10×10 的网格，有效网格综述应大于 100 个，每个网格的中心设置 1 个监测点位。

（3）每两人组成一个工作小组，每组负责 2 个监测点位的监测。在每个监测点处，将无人机直接升至 100 m，从上到下依次进行悬停观测。每次悬停持续 30 s，悬停高度分别为 1.5 m、10 m、30 m、50 m、100 m。每间隔 5 s 记录相应位置的监测数据，取平均值代表该点当时的 $PM_{2.5}$ 质量浓度。

（4）汇总所有小组的监测数据后进行校园空气 $PM_{2.5}$ 水平和垂直质量浓度分析。

2. 现场监测

（1）对颗粒物传感器进行校准、调零，以保证数据的准确性。

（2）无人机升空，测试无人机的工作性能，同时测试数据传输性能。

（3）每组同学负责 2 个监测点位，按顺序依次对监测点进行测量，按照表 6-34-1 记录监测原始数据。在经过统计分析后，得到每个点位各个高度的 $PM_{2.5}$ 平均值。随后将各组的监测数据进行数据共享，进行当天校园空气 $PM_{2.5}$ 水平和垂直浓度分析。

五、数据记录与处理

1. 监测数据记录

表 6-34-1 校园 $PM_{2.5}$ 现场监测原始记录

位　置	飞行高度	$PM_{2.5}$	备　注

2. 数据处理

（1）根据每个点位各个高度上 $PM_{2.5}$ 的平均值和高度数据，绘制各个点位的高度与 $PM_{2.5}$ 的廓线图。

（2）将所有数据进行汇总，绘制整个校园区域的不同点位及高度的 $PM_{2.5}$ 三维分布图，见图 6-34-2，并分析造成 $PM_{2.5}$ 质量浓度变化的原因。

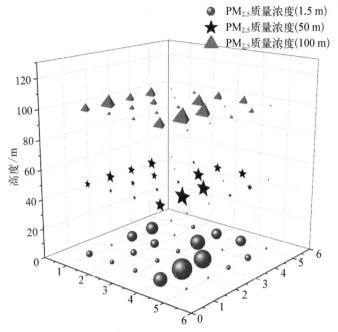

PM$_{2.5}$质量浓度(1.5 m)
PM$_{2.5}$质量浓度(50 m)
PM$_{2.5}$质量浓度(100 m)

图 6-34-2 PM$_{2.5}$三维分布图示例

六、思考与讨论

1. PM$_{2.5}$在垂直分布上可能存在什么规律？是什么原因造成的？

2. PM$_{2.5}$在水平分布上的差异是什么原因造成的？

参 考 文 献

[1] 国家环境保护总局,《水和废水监测分析方法》编委会.水和废水监测分析方法[M].4 版 (增补版).北京：中国环境科学出版社,2002.

[2] 国家环境保护总局,《空气和废气监测分析方法》编委会.空气和废气监测分析方法[M].4 版(增补版).北京：中国环境科学出版社,2003.

[3] 奚旦立.环境监测实验[M].2 版.北京：高等教育出版社,2019.

[4] 环境保护部.水质　化学需氧量的测定　重铬酸盐法：HJ 828—2017[S].北京：中国环境出版社,2017.

[5] 环境保护部.水质　游离氯和总氯的测定　N,N-二乙基-1,4-苯二胺滴定法：HJ 585—2010[S].北京：中国环境科学出版社,2010.

[6] 环境保护部.水质　总氮的测定　碱性过硫酸钾消解紫外分光光度法：HJ 636—2012 [S].北京：中国环境科学出版社,2012.

[7] 生态环境部.水质　石油类和动植物油类的测定　红外分光光度法：HJ 637—2018[S].北京：中国环境科学出版社,2018.

[8] 生态环境部.水质　苯系物的测定　顶空/气相色谱法：HJ 1067—2019[S].北京：中国环境出版集团,2020.

[9] Bao Y Y, Li F F, Chen L J, et al. Fate of antibiotics in engineered wastewater systems and receiving water environment：A case study on the coast of Hangzhou Bay, China [J]. Science of the Total Environment，2021，769(2)：144642.

[10] 环境保护部.环境空气 PM_{10} 和 $PM_{2.5}$ 的测定　重量法：HJ 618—2011[S].北京：中国环境科学出版社,2011.

[11] 生态环境部.土壤和沉积物　铜、锌、铅、镍、铬的测定　火焰原子吸收分光光度法：HJ 491—2019[S].北京：中国环境出版集团,2019.

[12] 环境保护部.土壤　水溶性氟化物和总氟化物的测定　离子选择电极法：HJ 873—2017 [S].北京：中国环境出版社,2017.

[13] 国家环境保护总局,国家质量监督检验检疫总局.危险废物鉴别标准　浸出毒性鉴别：GB 5085.3—2007[S].北京：中国环境科学出版社,2007.

[14] 中华人民共和国国家质量监督检验检疫总局,中国国家标准化管理委员会.公共场所卫生检验方法　第 3 部分：空气微生物：GB/T 18204.3—2013[S].北京：中国标准出版社,2014.

[15] 王英明,徐德强.环境微生物学实验教程[M].北京：高等教育出版社,2019.

[16] 宋小飞,张金莲.物理性污染控制实验教程[M].广州：华南理工大学出版社,2019.

[17] 环境保护部,国家质量监督检验检疫总局.电磁环境控制限值：GB 8702—2014[S].北京：中国环境出版社,2015.

［18］生态环境部.移动通信基站电磁辐射环境监测方法：HJ 972—2018［S］.北京：中国环境科学出版社,2018.

［19］环境保护部.HJ 640—2012 环境噪声监测技术规范城市声环境常规监测［S］.北京：中国环境科学出版社,2013.

［20］曹云擎,王体健,高丽波,等.基于无人机垂直观测的南京 PM2.5 污染个例研究［J］.气候与环境研究,2020,25(3)：292－304.

［21］郭伟,余华芬,黄国栋.基于无人机的 $PM_{2.5}$ 监测技术研究［J］.测绘通报,2017(S1)：147－151.